Vicens Vives
Educación Secundaria

Aula3D

CAP 4

CIENCIAS APLICADAS A LA ACTIVIDAD PROFESIONAL

M.ª D. Torres Lobejón
Catedrática de Biología y Geología de IES

H. Argüello Miguélez
Licenciada en Biología

M. Olazábal Morán
Máster en Biología Molecular y Celular

A. Santos Lozano
Doctor en Biología

Índice

1 EL LABORATORIO EN LAS CIENCIAS

¿Qué materiales tenemos que utilizar y qué normas de seguridad debemos seguir al trabajar en un laboratorio?

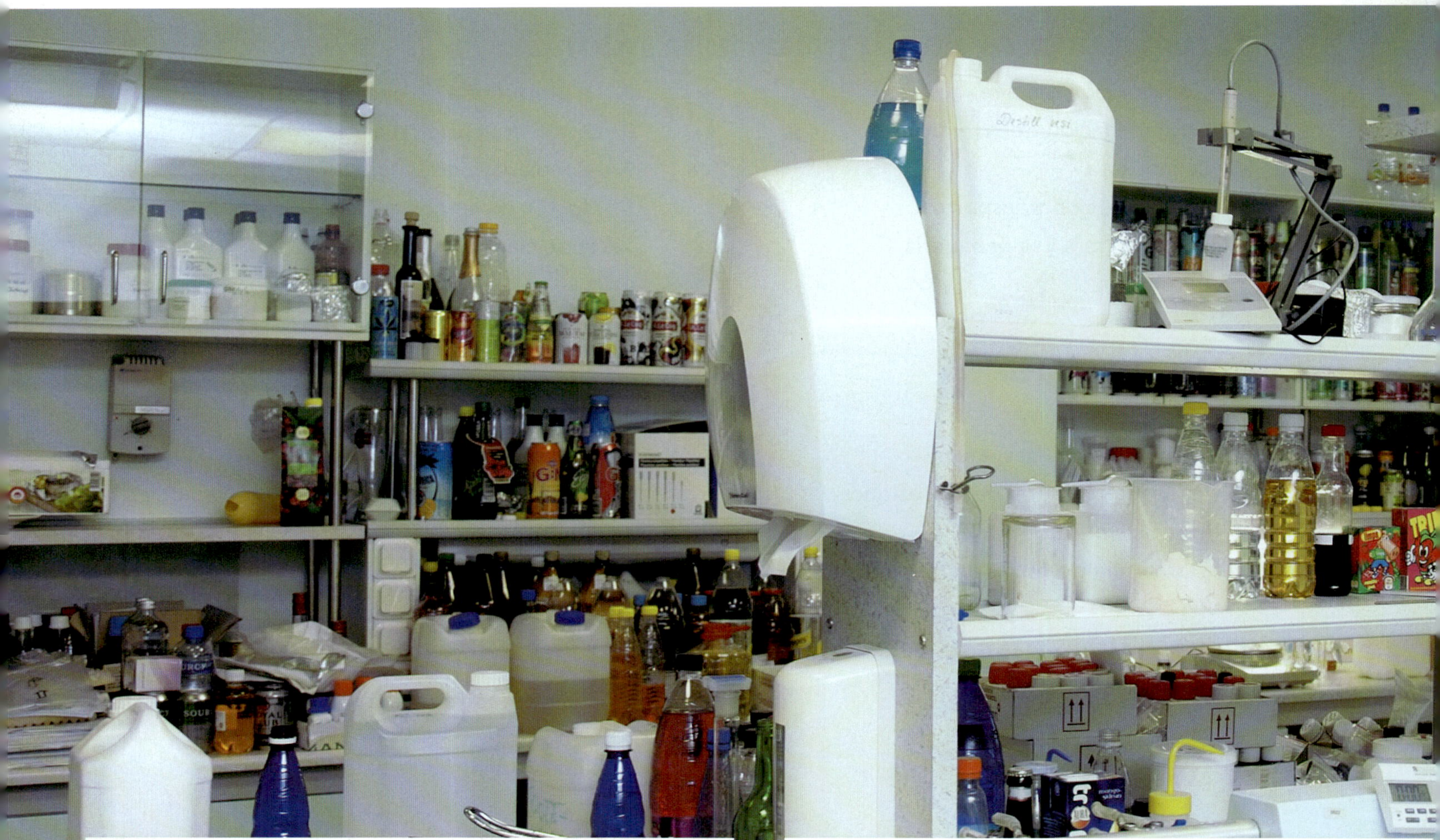

Los laboratorios son lugares destinados a la investigación y experimentación que se han ido perfeccionado a lo largo del tiempo gracias al avance de las tecnologías.

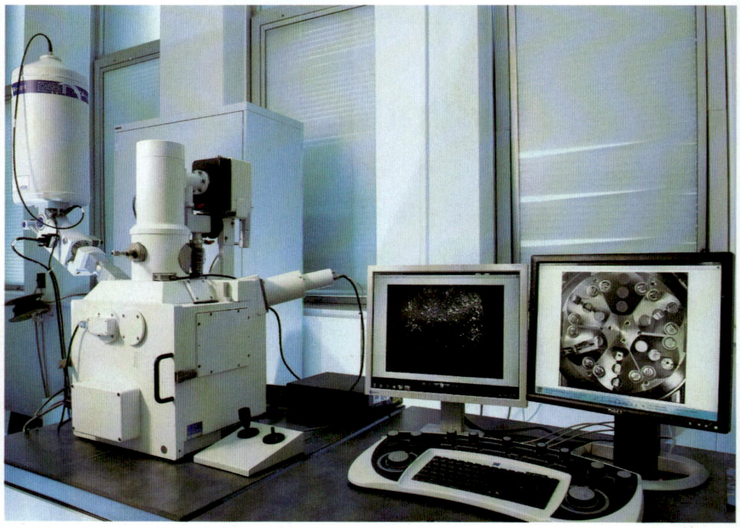

En los laboratorios existe una enorme y completa gama de instrumentos de medición, y herramientas y recipientes especiales que se utilizan para diferentes tipos de ensayos.

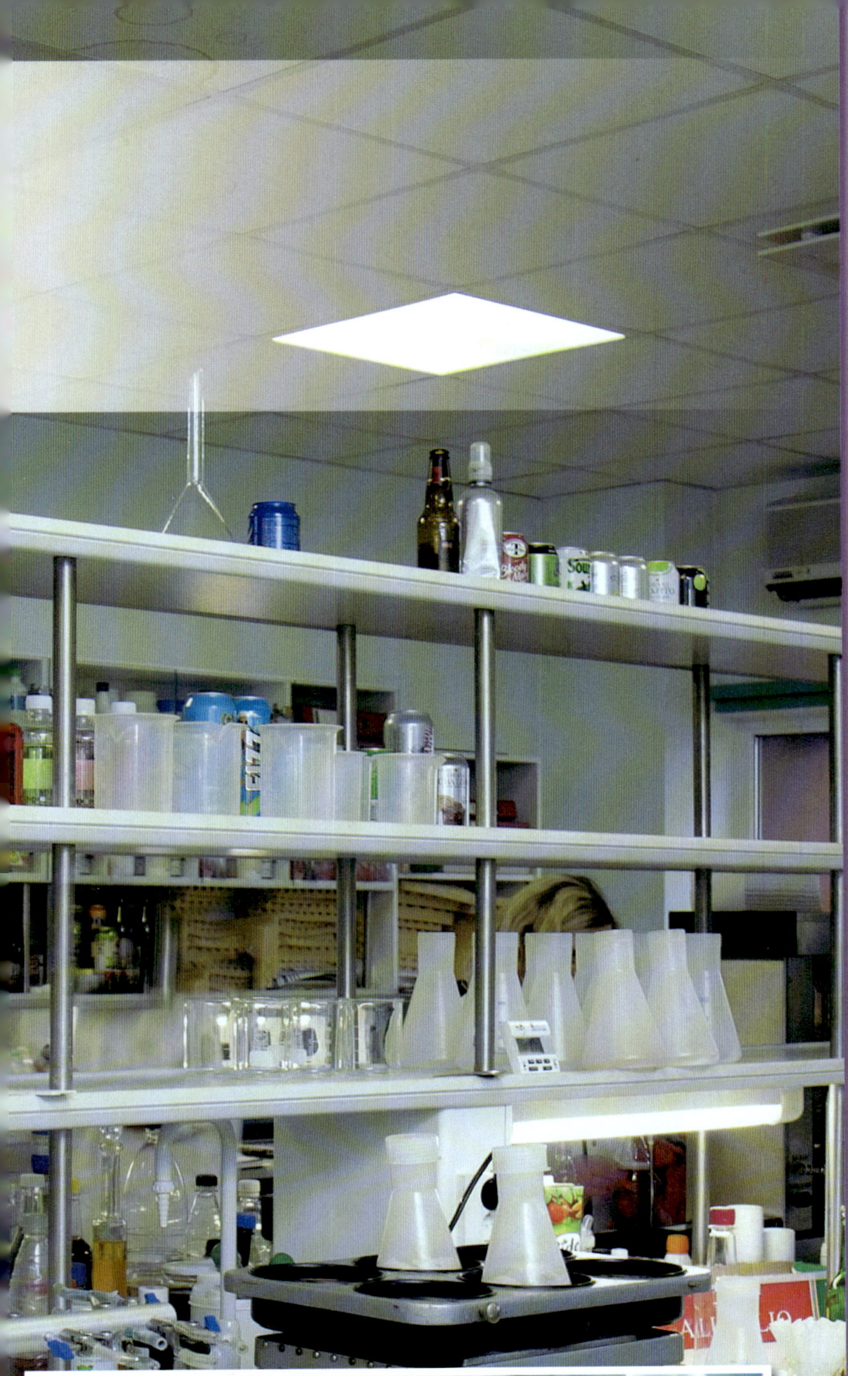

La curiosidad es uno de los rasgos que caracterizan a los seres humanos; el deseo de explorar, investigar y aprender todo lo que no conocemos relacionado con el mundo que nos rodea.

Gracias a la curiosidad, las personas han hecho grandes descubrimientos. A lo largo del tiempo, la forma de realizar experimentos y los procedimientos utilizados para ello fueron variando, y los científicos concibieron un sitio donde resolver cuestiones, encontrar soluciones a los problemas planteados y realizar descubrimientos: el laboratorio.

El laboratorio era un lugar que contaba con instrumentos muy sencillos e imprecisos. Pero gracias a los avances científicos, los investigadores fueron adquiriendo modernos instrumentos y actualmente el laboratorio cuenta con herramientas muy exactas y precisas.

¿Qué sabemos?

- ¿Cuál es el origen de los laboratorios? ¿Por qué aparecen?
- ¿Qué instrumentos se usan para realizar experimentos?
- ¿Existen algunas normas habituales para trabajar en un laboratorio?
- ¿Conoces algún producto químico utilizado en los laboratorios?

¿Qué aprenderemos?

- Qué es un laboratorio y los tipos de laboratorios que existen.
- Cómo son las instalaciones y el mobiliario básico de un laboratorio.
- Qué productos químicos se utilizan en los laboratorios.
- El material y los equipos más comunes en un laboratorio.
- Cuáles son las normas habituales de seguridad y los primeros auxilios en caso de accidente en un laboratorio.

Para minimizar los riesgos del trabajo desarrollado en un laboratorio hay que tener en cuenta ciertas normas de seguridad para prevenir accidentes.

1 ¿Qué es un laboratorio?

Un laboratorio es un espacio que se encuentra preparado para la realización de experimentos, investigaciones y trabajos de tipo científico y técnico. Para ello, dispone de una serie de instrumentos de medida o equipos adecuados. También puede ser una estancia o un aula de un centro educativo, como un colegio, un instituto o una universidad, donde puedan llevarse a cabo en condiciones idóneas las prácticas necesarias según la rama de la ciencia de la que forman parte.

Es imprescindible que las **condiciones ambientales** de un laboratorio, para llevar a cabo los experimentos y las mediciones propias de la investigación científica, estén siempre controladas y normalizadas:

- El **control** garantiza que no se produzcan influencias desconocidas procedentes del exterior que modifiquen o alteren los resultados de la medición o del experimento.
- La **normalización** asegura que los resultados sean idénticos cuando se repite más de una vez una determinada medición o experimento, en iguales condiciones, ya sea en el mismo o en cualquier otro laboratorio.

Método científico

El método científico es el conjunto de procesos que utilizan los científicos en sus investigaciones con el fin de establecer la explicación de un fenómeno natural, establecer relaciones entre los hechos y elaborar teorías y leyes científicas que expliquen lo que sucede.

Condiciones normalizadas de un laboratorio

Es necesario realizar un control adecuado de las condiciones ambientales de un laboratorio para el bienestar del personal, el funcionamiento correcto de los instrumentos y la seguridad en el trabajo.

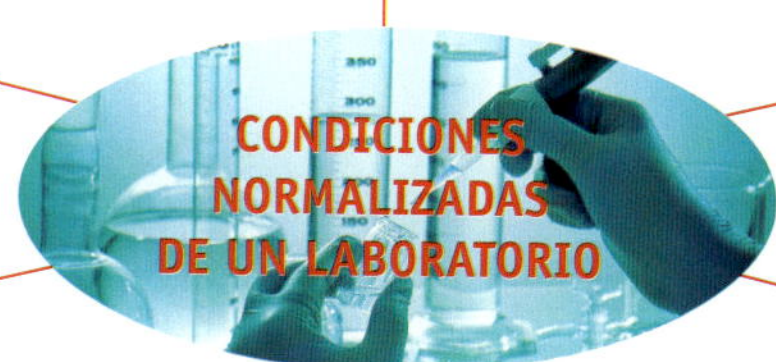

Temperatura

La temperatura ambiente normal es de 20 °C. Puede variar la tolerancia en función de la clase de medición o experimento que se va a realizar.

Humedad relativa

Las condiciones de humedad oscilan entre un 50 % y un 75 %. Conviene reducirla al mínimo para evitar la exudación de los instrumentos.

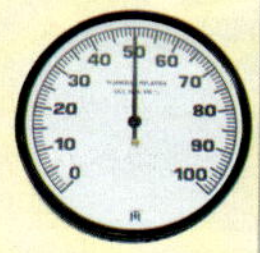

Presión atmosférica

La presión atmosférica varía dependiendo del tipo de laboratorio. Se controla para evitar el ingreso o el egreso de aire contaminado.

Alimentación eléctrica

Los laboratorios cuentan con un sistema eléctrico de emergencia donde están conectados diferentes aparatos para prevenir problemas en caso de cortes de electricidad.

Ruido y vibraciones

El ruido y las vibraciones pueden falsear las mediciones que se han llevado a cabo mediante procedimientos mecánicos.

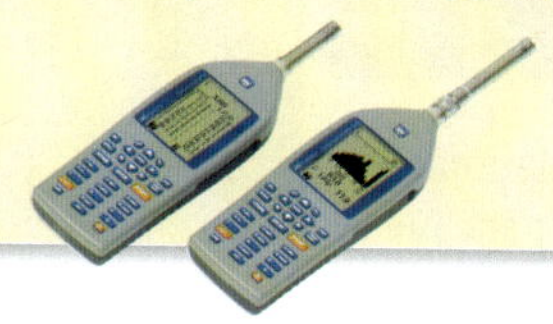

Polvo y otros contaminantes

La presencia de polvo y de otros agentes contaminantes puede alteran los resultados de los experimentos o de las mediciones realizadas.

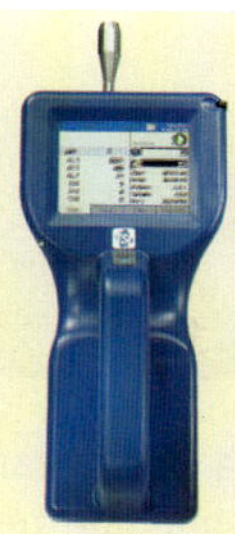

PROYECTO ESTUDIO DEL EFECTO DE LAS NANOPARTÍCULAS EN LA SALUD

La **nanotecnología** es un área emergente de la ciencia que se ocupa del control y de la manipulación de los materiales de dimensiones muy pequeñas, menores que un micrómetro (μ), es decir, a nivel atómico, molecular o supramolecular.

En la actualidad se ha convertido en un importante campo científico por varias razones. Una de ellas es la disponibilidad de instrumentos capaces de "tocar" y "ver" a esta escala de tamaño.

En respuesta a estas nuevas posibilidades, la mayoría de los países están promoviendo la nanotecnología y la nanociencia en sus industrias, laboratorios y universidades, y los científicos han tomado conciencia del potencial investigador en este campo.

Pero es en estos centros de investigación donde los investigadores son el principal grupo de exposición a nanopartículas, sustancias cuyo riesgo para la salud son actualmente inciertos o desconocidos.

Objetivo

Realizar un estudio de la calidad del ambiente de los laboratorios donde se utilizan o producen nanopartículas.

Procedimiento y resultados

Tras realizar las mediciones en distintos laboratorios para evaluar la exposición a nanopartículas de cobre, de oro y de sílice y partículas finas de humos de soldadura que contienen nanopartículas de hierro presentes en el aire, se obtuvieron los resultados que se indican en la tabla inferior.

Conclusiones

1. ¿Qué tipo de nanopartículas evaluadas son las más tóxicas? ¿Qué nanopartículas quedaron en la categoría "severidad" media o baja? ¿Qué investigadores y trabajadores presentan mayor riesgo para su salud?
2. ¿Qué recomendaciones o medidas crees que deberían tomarse en estos laboratorios e industrias para reducir la contaminación con nanopartículas?

Institución o empresa	Proceso	Severidad	Probabilidad
Laboratorio de investigación	Producción de nanotubos de cobre	Media	Poco probable
Laboratorio de una industria comercializadora de productos con nanopartículas	Aplicación de productos para la biorremediación (uso de organismos vivos para restaurar ambientes contaminados) de efluentes o residuos líquidos que contienen nanopartículas de hierro	Media	Muy improbable
Laboratorio de un centro odontológico	Uso de resinas en la restauración de piezas dentales que contienen nanopartículas de sílice de 20nm	Media	Poco probable
Laboratorio de investigación	Producción de nanopartículas de oro para diagnóstico y tratamiento de enfermedades	Baja	Muy improbable
Laboratorio de investigación	Recubrimiento de electrodos con nanotubos de carbono	Alta	Poco probable

Nanociencia

La **nanociencia** es la ciencia que se ocupa del estudio de los objetos cuyo tamaño va desde décimas a cientos de nanómetros (nm). "Nano" es una dimensión que equivale a 10^{-9} metros, una longitud 80 000 veces más pequeña que el diámetro de un cabello humano.

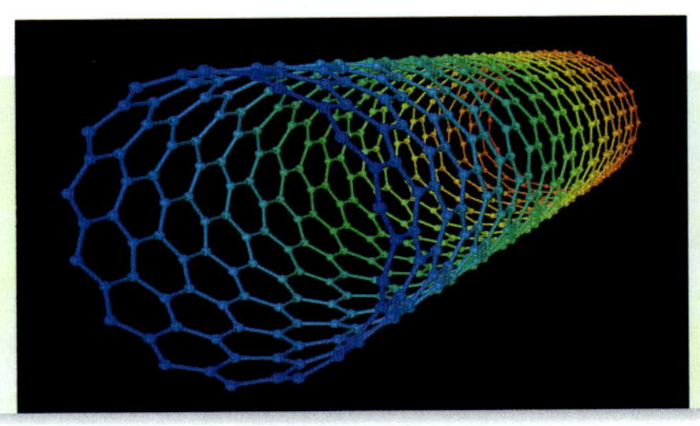

Nanotubo de carbono.

1. ¿Qué es un laboratorio? ¿Con qué cuenta un laboratorio para llevar a cabo la experimentación, la investigación y la realización de las prácticas necesarias según la rama de la ciencia de la que forma parte?
2. ¿Cómo deben de estar las condiciones ambientales de un laboratorio cuando se realizan los experimentos y las mediciones propias de la investigación científica? ¿Por qué es importante controlar dichas condiciones?

2 Tipos de laboratorios

Existen muchos tipos de laboratorios. Teniendo en cuenta su función específica se pueden clasificar en:

1. Laboratorios científicos.
2. Laboratorios clínicos.
3. Laboratorios de metrología.
4. Otros tipos de laboratorio y lugares que se llaman así por imitar las instalaciones y los procedimientos típicos de un laboratorio son: laboratorio de usabilidad, laboratorio de idiomas, laboratorio fotográfico, laboratorio gastronómico, laboratorio de investigación naval y laboratorio de ideas.

En los laboratorios de usabilidad se estudia el comportamiento de un usuario ante productos y servicios.

1. Laboratorios científicos

Los trabajos realizados en estas instalaciones permiten el progreso de la mayor parte de las ramas de las ciencias naturales. Pueden ser laboratorios de biología, de geología, de química y de física.

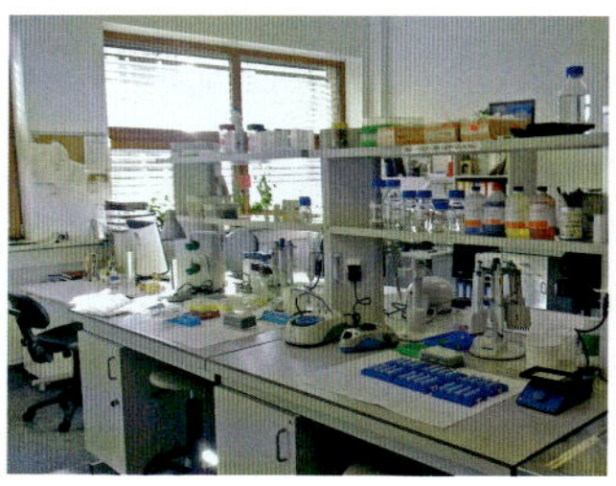

En los **laboratorios de biología** se trabaja con materiales biológicos, como son las células, los tejidos y los órganos para comprender cómo es la estructura, la fisiología y la composición química de los seres vivos.

En los **laboratorios de geología** se estudian y analizan muestras sólidas, como minerales, gemas, rocas, meteoritos, arenas y huesos; aguas y fluidos; y gases como CO_2, radón y gases de emisiones volcánicas.

En los **laboratorios de química** se estudian las propiedades de elementos, sustancias, mezclas y compuestos que luego se utilizan para llevar a cabo ensayos o análisis químicos.

En los **laboratorios de física** se efectúan experimentos relacionados con áreas que precisan de un alto nivel de seguridad industrial, como la electrónica, la electricidad, la óptica o la dinámica.

2. Laboratorios clínicos

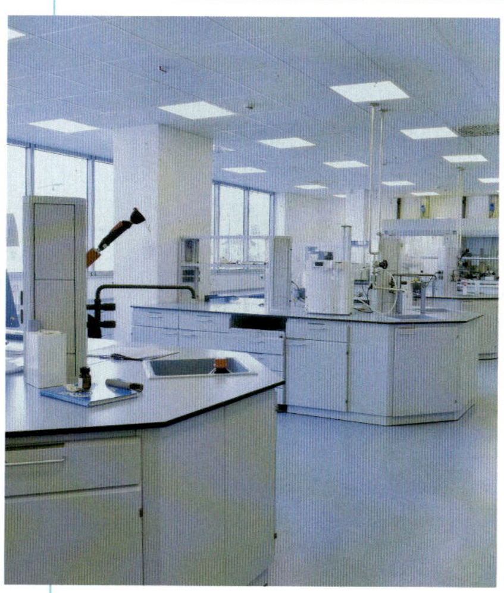

En los **laboratorios clínicos** se llevan a cabo análisis clínicos que se usan para prevenir, diagnosticar y tratar todos los problemas relacionados con la salud. En este tipo de laboratorio se estudian muestras clínicas, como sangre, heces y orina.

3. Laboratorios de metrología

En los **laboratorios de metrología** se realizan estudios de las unidades y las medidas de magnitud.

En ellos también se definen los requisitos técnicos que deben tener tanto los métodos como los instrumentos de medida.

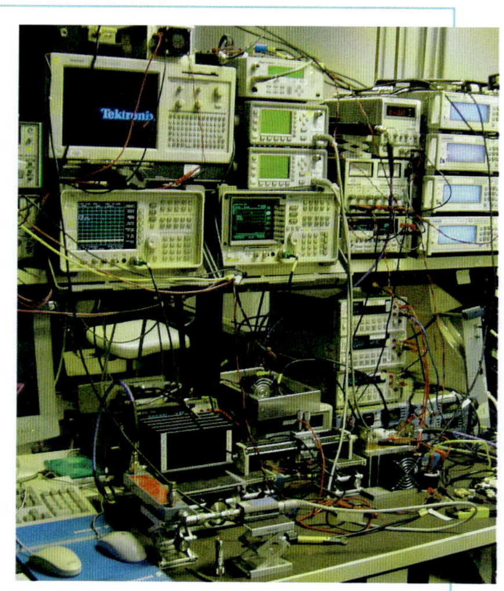

COMPETENCIAS LABORATORIO CLÍNICO Y HEMOGRAMA

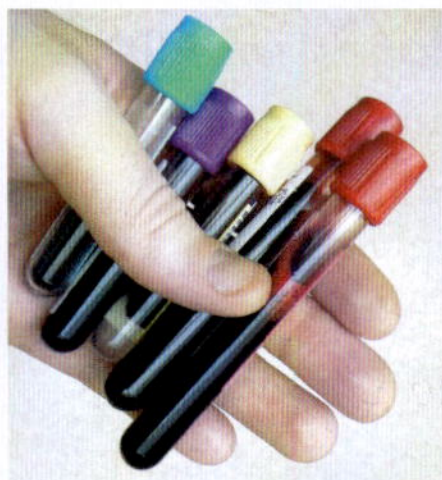

El **análisis de sangre** es una de las pruebas médicas más utilizadas para el dianóstico de enfermedades o como control de la salud. Consiste en extraer una pequeña cantidad de sangre venosa del paciente, que luego se lleva al **laboratorio clínico** para analizar y determinar su composición. Uno de los tipos de análisis de sangre es el **hemograma**, que mide lo siguiente:

1. La cantidad de elementos formes:

a) Glóbulos rojos o eritrocitos. Células que transportan oxígeno y dióxido de carbono. Su valor en condiciones normales oscila entre 4,5-6 millones por mm^3 el hombre y 4-5,4 millones por mm^3 en la mujer. Por debajo de estos valores indica anemia y por encima, policitemia.

Glóbulos blancos o leucocitos. Células cuya función es la defensa del organismo. En condiciones normales, su número varía entre 5 000 y 9 000 por mm^3 de sangre. Una cantidad superior podría ser indicador de leucocitosis y su disminución de leucopenia.

Plaquetas. Fragmentos celulares sin núcleo que participan en la coagulación de la sangre. Su número oscila entre 150 000 y 400 000 por mm^3.

2. **La cantidad total de hemoglobina.** Proteína formada por hierro, contenida en los glóbulos rojos, que confiere a la sangre su color característico. Su valor normal es de 13,5-17,5 g/dl en hombres y 12-16 g/dl en mujeres.

3. **El hematocrito.** Porcentaje de glóbulos rojos con respecto al volumen total de la sangre. Los valores normales en adultos son 40-54 % en hombres y 36-47 % en mujeres. Por encima de estos valores indica policitemia y por debajo, anemia.

Observa el siguiente análisis de sangre:

Determinación	Resultado
Glóbulos rojos	7,40 millones / mm^3
Glóbulos blancos	8 300 / mm^3
Plaquetas	194 000 / mm^3
Hemoglobina	13,2 g/dl
Hematocrito	52 %

1. Compara los resultados del hemograma de una mujer de 60 años que es fumadora, reflejados en la tabla adjunta, con los valores de referencia descritos anteriormente. Indica la anomalía que observas.
2. Investiga cuáles pueden ser las causas de esta enfermedad.

Laboratorios de criminalística

Los laboratorios de criminalística reconocen, identifican, individualizan y evalúan las evidencias físico-legales producidas en actos delictivos. Algunas de sus secciones son:

- **Balística.** Realiza estudios de los cartuchos, balas y armas.
- **Trayectoria de disparos.** Verifica el recorrido de un proyectil.
- **Documentoscopia.** Determina alteraciones de documentos y coteja grafías y firmas.
- **Toxicología.** Analiza fluidos tomados de personas vivas o cadáveres, para determinar la presencia de sustancias que pudieran causar daños o la muerte.
- **Dactiloscopia.** Identifica a la persona que dejó su huella en un objeto.
- **Genética.** Estudia el material biológico (pelo, saliva, semen, sangre) y realiza análisis de ADN.
- **Entomología forense.** Analiza los artrópodos encontrados en un cadáver para averiguar cuándo murió una persona.
- **Fisicoquímica.** Analiza los elementos que por la lucha víctima-sospechoso generan transferencias de fluidos, células, pelo, etc.
- **Fisionomía forense.** Reconstruye las características de un rostro.

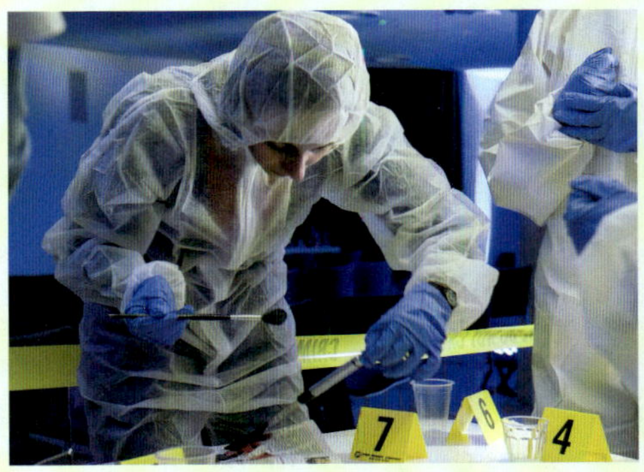

Investigador forense.

1. ¿Qué es un laboratorio de usabilidad? ¿Qué trabajos se realizan en los laboratorios de criminalística?

3 Diseño y organización del laboratorio: instalacione

Un laboratorio debe ser un lugar eficiente y agradable. Su diseño y organización tienen que estar minuciosamente planificados con el fin de minimizar el riesgo de accidentes y lograr que sea un espacio en el que prime la seguridad. Esto se alcanza con unas instalaciones apropiadas y un mobiliario específico, bien elegido y distribuido, que cumpla las normas de seguridad establecidas.

Las instalaciones de un laboratorio tienen que cumplir los siguientes **requisitos**:

- Se recomienda que el **tamaño** de un laboratorio tenga el espacio suficiente para el normal desarrollo del trabajo. La superficie aconsejada está en función de la actividad que se vaya a realizar; preferiblemente entre 40 y 50 m^2 y nunca inferior a 15 m^2.
- El **suelo** debe ser resistente a agentes químicos, que no resbale cuando está mojado, de fácil limpieza, descontaminación y desinfección.
- Es conveniente que los laboratorios dispongan de dos **puertas** funcionales, preferentemente alejadas entre sí y claramente identificadas.
- Los laboratorios deben estar equipados con **ventanas** que iluminen el recinto, reduzcan la sensación de claustrofobia, permitan la visión lejana, disminuyan la fatiga visual y posibiliten la renovación del aire, en caso de necesidad.
- La **distribución de las superficies** debe estar hecha de manera que se disponga del espacio necesario para realizar todas las actividades de forma segura, incluido el desplazamiento de personas y materiales. Una buena distribución y mantenimiento de paso libre de obstáculos permitirá, en la mayor parte de los casos, evitar un accidente.
- Los laboratorios **no** se deben **sobrecargar** con muebles, objetos y equipos, para evitar accidentes, y en caso de que ocurran, realizar una eficaz evacuación.
- Los **equipos, aparatos, materiales** y **reactivos** con los que cuenta un laboratorio deben colocarse en lugares que permitan su óptimo empleo y en condiciones que garanticen su durabilidad.
- Las **redes de servicio especiales**, como las de electricidad y gas y sus correspondientes aparatos, deben estar adecuadamente protegidas.
- Si las instalaciones lo permiten, se dispondrá de una **ducha de disparo rápido** y de una **fuente lavaojos** cercana a las mesas de trabajo y con manivelas de fácil accionamiento.
- Debe tener una **manta térmica** para el control de incendios pequeños y para tapar a personas que se hayan quemado, y un **extintor** adecuado.
- La **ventilación** general debe estar garantizada para evitar la acumulación de vapores durante el trabajo normal. Es conveniente tener una ventilación suplementaria, como por ejemplo extractores, para un caso de emergencia.
- Se debe contar con un **inventario** completo y actualizado de los instrumentos y equipos con los que cuenta el laboratorio.

Los laboratorios deben tener una iluminación natural, que se complementará con una iluminación auxiliar artificial cuando la natural no sea suficiente.

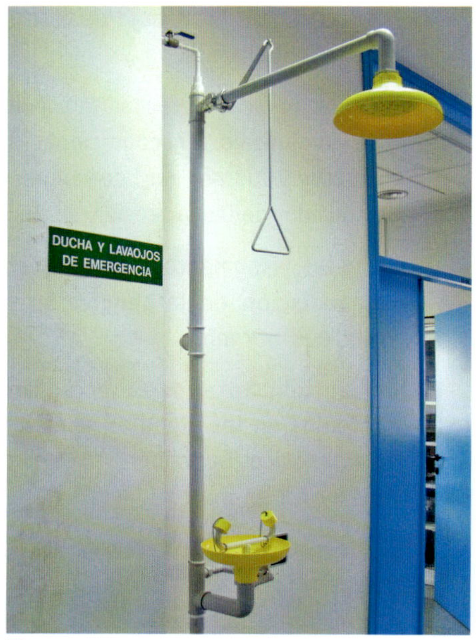

Ducha y fuente lavaojos de emergencia.

Los extintores de polvo son adecuados para casi todos los tipos de incendio.

INVESTIGA INSTALACIONES DEL LABORATORIO DE CIENCIAS ESCOLAR

El laboratorio de ciencias escolar es un aula con los medios adecuados para llevar a cabo pequeñas actividades experimentales. El aprendizaje en este tipo de laboratorio permite adquirir conocimientos y entender las etapas del método científico.

Laboratorio de ciencias escolar.

Objetivo

Conocer las instalaciones de un laboratorio de ciencias escolar y verificar que cumple con las normas necesarias para trabajar.

Procedimiento y resultados obtenidos

Durante la visita al laboratorio, realiza un estudio de sus instalaciones y anota en una tabla todas las características que observas.

Elemento estudiado	Requisitos / Características	Cumple la normativa	
		Sí	No
Tamaño del laboratorio	Mayor de 15 m^2		
Suelo	Resistente a los agentes químicos		
	Fácil limpieza, descontaminación y desinfección		
	No resbala cuando está mojado		
Puertas	Existen dos puertas funcionales		
Ventanas	Iluminan el recinto		
	Permiten la visión lejana, disminuyen la fatiga visual y reducen la sensación de claustrofobia		
	Permiten la renovación de aire		
Distribución de las superficies	El espacio permite realizar de forma segura todas las actividades		
	El espacio permite el desplazamiento seguro de personas y materiales		
Número y situación de muebles, objetos y equipos	Número adecuado, permite una eficaz evacuación en caso de accidente		
	Situados en lugares apropiados que permiten su óptimo empleo		
Red eléctrica	Convenientemente protegida		
Red de gas	Convenientemente protegida		
Extintor	Se dispone de él		
Ducha de disparo rápido y fuente lavaojos	Se dispone de ellos		
Ventilación	Debidamente diseñada		
	Dispone de ventilación suplementaria (extractores)		

Conclusiones

1. ¿El laboratorio posee, en general, unas buenas instalaciones?
2. Haz un esquema del laboratorio e indica la situación de los equipos de seguridad. ¿Qué harías para mejorar su funcionamiento?

---

1. ¿Cómo debe ser el diseño de un laboratorio?
2. ¿Sabes para qué son necesarias las fuentes lavaojos?

4 Principal mobiliario de un laboratorio de ciencias

El mobiliario principal de un laboratorio está constituido por encimeras o poyatas, mesas centrales, grifos, fregaderos, vitrina de gases, armarios de seguridad, armarios, vitrinas, muebles bajos, cajoneras, sillas y taburetes de laboratorio.

Grifos y **fregaderos** de laboratorio. Pueden ir encastrados en la encimera o en una mesa independiente. Estarán fabricados con materiales resistentes a productos químicos.

Vitrinas, muebles bajos, armarios y **cajoneras.** Se usan para guardar material inerte y todo tipo de instrumental. Están fabricados con materiales resistentes a la corrosión.

Armarios de seguridad. Se utilizan para almacenar sustancias peligrosas. Son resistentes al fuego y llevan filtros especiales y un sistema de ventilación con extracción de gases.

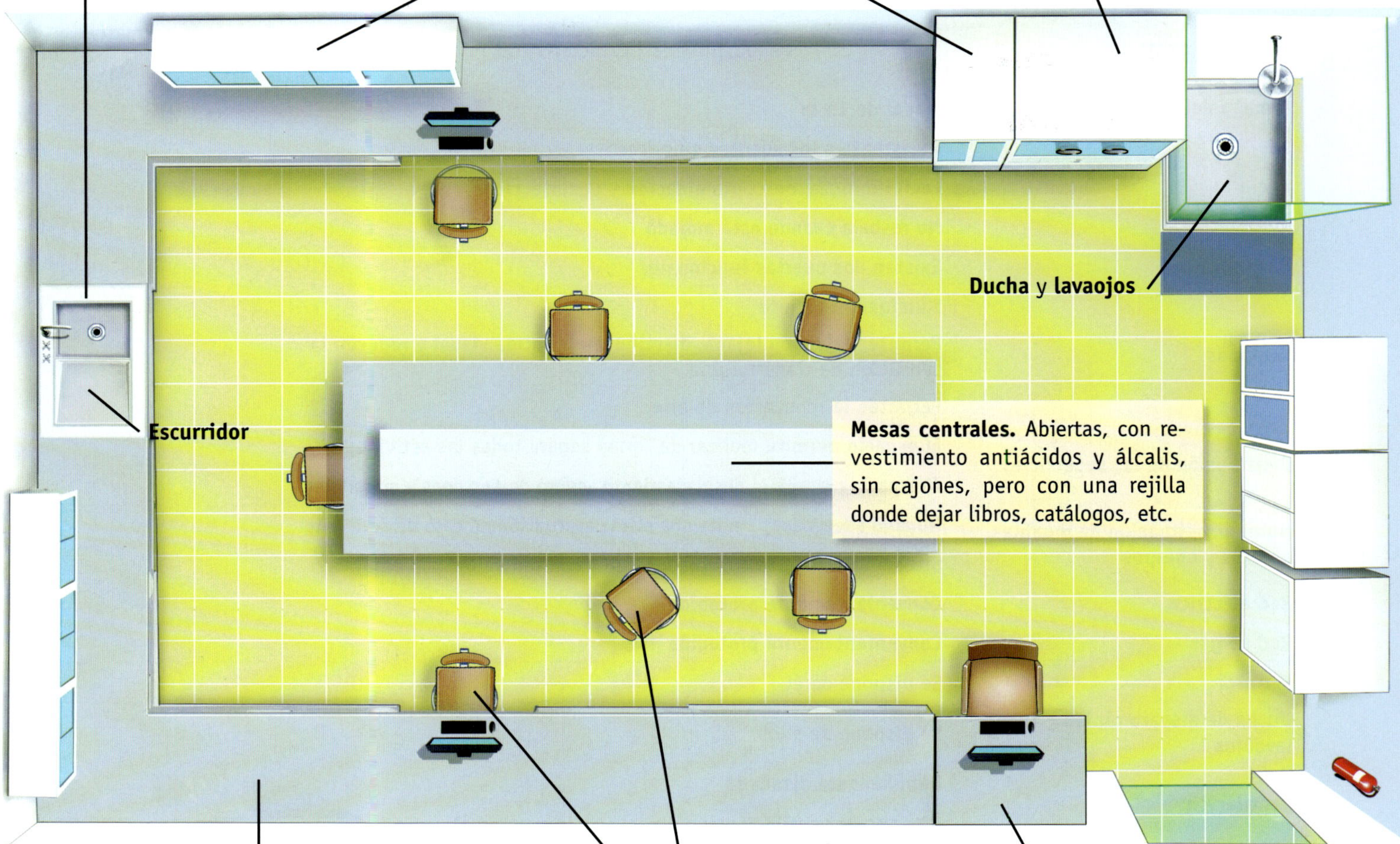

Mesas centrales. Abiertas, con revestimiento antiácidos y álcalis, sin cajones, pero con una rejilla donde dejar libros, catálogos, etc.

Encimeras o **poyatas.** Donde se realizan la mayor parte de las investigaciones. Los enchufes, dispensadores y grifería de gases estarán a una altura cómoda en el frontal de servicio. El tablero de trabajo debe ser diáfano y estar fabricado con materiales resistentes a los productos químicos y al fuego.

Sillas y **taburetes de laboratorio.** Deben ser ergonómicos, de fácil movilidad y regulables, el material del asiento, transpirable y antideslizante.

Vitrina de **gases.** Módulo empleado en la manipulación de sustancias peligrosas. Lleva incorporado un sistema de extracción con filtros especiales.

PROYECTO RECONOCIMIENTO DEL MOBILIARIO BÁSICO

Observa las siguientes figuras:

Figura 1

Figura 2

Figura 3

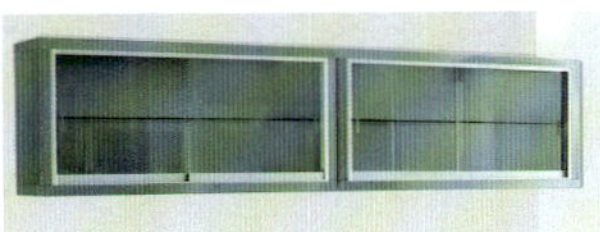
Figura 4

Figura 5

Figura 6

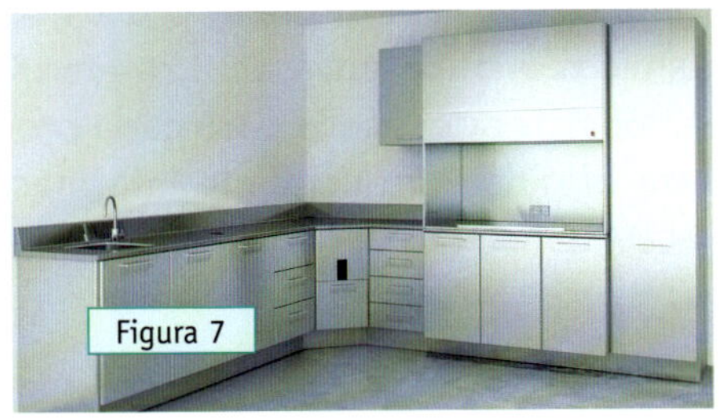
Figura 7

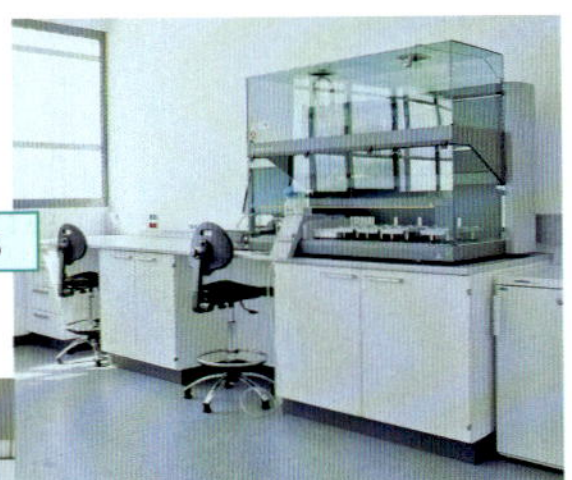
Figura 8

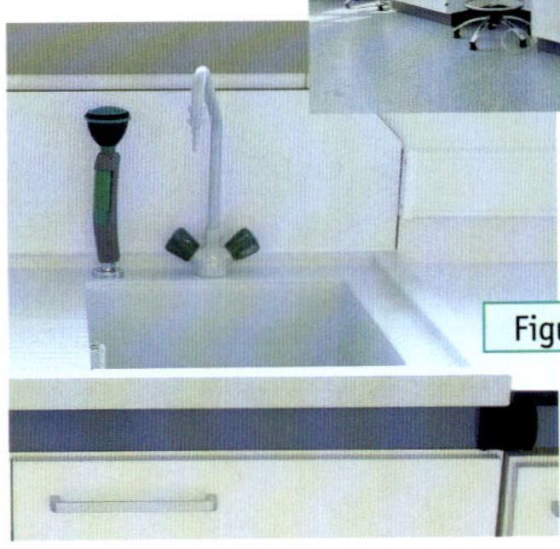
Figura 9

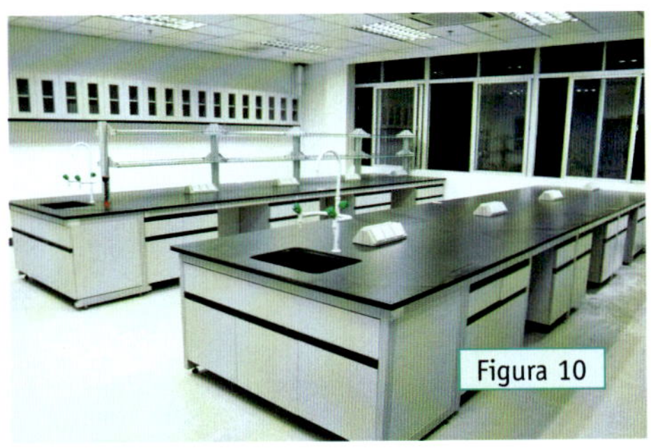
Figura 10

Figura 11

1. Identifica cada uno de los elementos que forman parte del mobiliario básico de un laboratorio. ¿Para qué se usan? ¿De qué materiales esán fabricados?
2. Con estos elementos, diseña un laboratorio en el que distribuyas el mobiliario según las normas que deben seguir este tipo de instalaciones.

---

1. ¿Dónde se deben situar los grifos y los fregaderos? ¿Qué características tienen las encimeras?
2. ¿Dónde se guarda el material inerte y todo tipo de instrumental? ¿Y las sustancias peligrosas?

5 Los productos químicos

En los laboratorios de investigación y de docencia se utiliza una gran variedad de productos químicos.

Su **almacenamiento** se debe realizar de forma ordenada en estanterías o armarios de seguridad, teniendo en cuenta una serie de normas:

- Agrupar los productos químicos por peligrosidad o atendiendo a sus características homogéneas.
- Separar los productos que sean incompatibles.
- Aislar los productos muy peligrosos: explosivos, radiactivos y cancerígenos, y los que reaccionan con el agua (sodio, litio, potasio).
- Utilizar frigoríficos antideflagrantes, para guardar productos inflamables.
- Evitar que la luz solar incida directamente sobre los envases.

Durante su **manipulación** hay que evitar el trasvase de los productos químicos a otros envases. Los envases originales son, generalmente, los más adecuados para cada producto, y además llevan una **etiqueta** original que contiene información sobre su peligrosidad, las precauciones a tomar en su manipulación y el riesgo derivado de su uso.

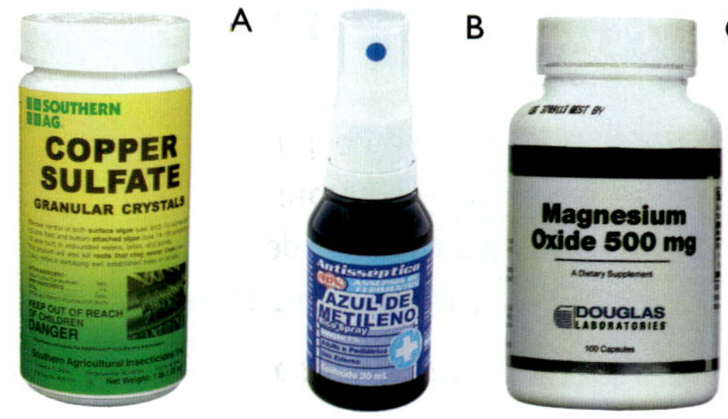

Productos químicos sólidos. Sulfato de cobre (A), azul de metileno (B) y óxido de magnesio (C).

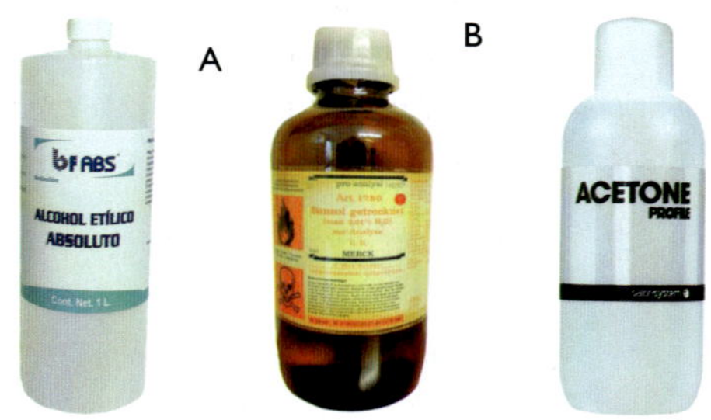

Productos químicos líquidos. Alcohol absoluto (A), benceno (B) y acetona (C).

Sustancias químicas peligrosas

Muchas de las sustancias y preparados que se emplean en los laboratorios no son peligrosas. Sin embargo, muchas otras, por diversas razones, sí lo son. La manipulación de los productos químicos implica conocer sus características, sus propiedades y su posible peligrosidad. Las recomendaciones para su uso son:

- Utilización de gafas protectoras.
- Utilización de guantes.
- Utilización de la vitrina de gases para contener y purificar gases tóxicos y vapores inflamables.

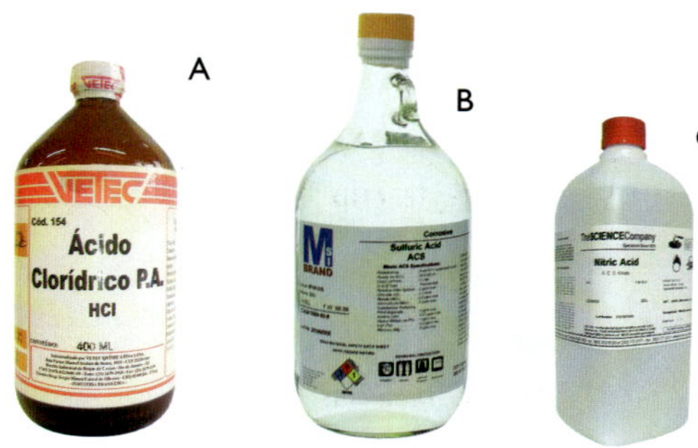

Disoluciones comerciales. Ácido clorhídrico (A), ácido sulfúrico (B) y ácido nítrico (C).

Descripción de los pictogramas de peligrosidad

Para clasificar e identificar la peligrosidad de los productos químicos usados en los laboratorios, se utilizan diferentes sistemas que los categorizan, generalmente, con criterios de compatibilidad fisicoquímica.

La Comunidad Europea definió 10 categorías de productos químicos peligrosos, de acuerdo con sus propiedades.

Los pictogramas de peligrosidad son dibujos en los que se especifican las principales características de una sustancia, con el fin de prevenir los riesgos derivados de su uso.

COMPETENCIAS LA ETIQUETA DE LOS PRODUCTOS QUÍMICOS

Todos los envases de productos químicos llevan obligatoriamente una etiqueta bien visible, legible e indeleble que contiene diferentes indicaciones que nos informan acerca de los peligros físicos, de salud y medioambientales que conlleva su utilización. Las etiquetas contienen la siguiente información:

- **Nombre, fórmula y peso molecular** de la sustancia.
- **Identificación de peligros principales.** Mediante los pictogramas y las indicaciones de categorías de peligro (tóxico, fácilmente inflamable, etc.). Pueden aparecer uno o varios símbolos, en función de los riesgos que presente.
- **Frases de riesgo y frases de seguridad o frases R/S.** Frases que describen los riesgos específicos (R) que pueden surgir durante el manejo de un producto peligroso y los consejos de seguridad (S) sobre una sustancia peligrosa. Estas letras van seguidas de un número, cuya combinación significa lo mismo en distintos idiomas.
- **Responsable** de la **comercialización**.

Rombo de seguridad. Sistema para la identificación de riesgos por productos químicos.

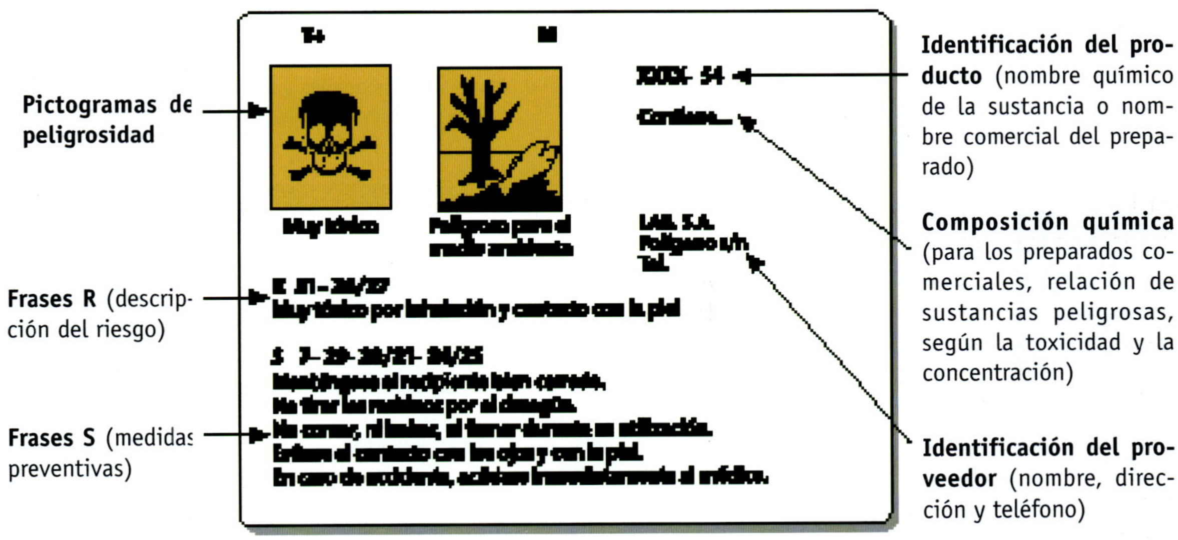

1. Teniendo en cuenta la información contenida en el modelo de esta página, diseña una etiqueta para el ácido clorhídrico (HCl), que es corrosivo, provoca quemaduras e irrita las vías respiratorias, se debe conservar bajo llave y mantenerse fuera del alcance de los niños, y en caso de contacto con los ojos, lavarse inmediatamente y abundantemente con agua y acudir al médico.

1. ¿Cómo se deben almacenar los productos químicos en un laboratorio? ¿Qué tipo de envases son los más adecuados para cada sustancia química? ¿Por qué?

2. ¿Cuáles son las recomendaciones para el uso de productos químicos peligrosos? ¿Cuántas categorías definió la Unión Europea según sus propiedades?

6 Material de laboratorio

En los laboratorios se usa una gran diversidad de utensilios, recipientes e instrumentos que, en su totalidad, reciben el nombre de **material de laboratorio**.

De acuerdo al material que lo constituye, se clasifica en material de **vidrio**, material de **porcelana**, material de **plástico**, material de **metal**, material de **madera**, material de **goma** y material de **corcho**.

A MATERIAL DE VIDRIO

Las principales ventajas que ofrecen los materiales de vidrio que se usan habitualmente en los laboratorios son su gran estabilidad química y su óptima resistencia térmica.

Vaso de precipitado. Se emplea para disolver sustancias, calentar, recoger filtrados y obtener precipitados.

Cristalizador. Vaso de vidrio que se usa para obtener cristalizaciones a partir de disoluciones en líquidos.

Vidrio de reloj. Se utiliza para calentar pequeñas cantidades de sólidos o líquidos y pesar algún sólido.

Matraz aforado. Mide el volumen que se indica en el matraz con un aforo. Se emplea para preparar disoluciones.

Matraz Erlenmeyer. Tiene el fondo plano y se usa para calentar líquidos, recristalizar un sólido y disolver sustancias.

Placa de Petri. Recipiente bajo, con tapa, utilizado para realizar estudios de bacteriología y microscopía.

Probeta. Se emplea para medir volúmenes de líquidos o soluciones cuando se requiere cierta exactitud.

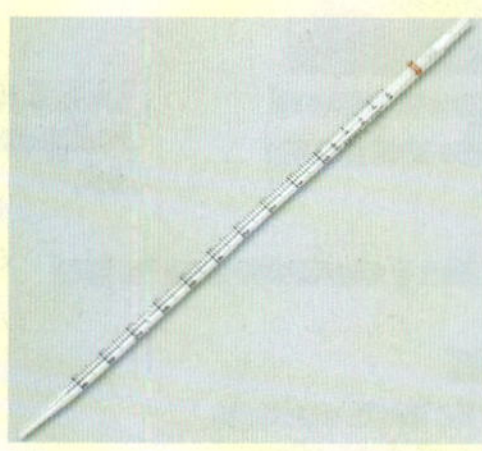

Pipeta. Tubo de vidrio con divisiones volumétricas para medir pequeños volúmenes de forma exacta.

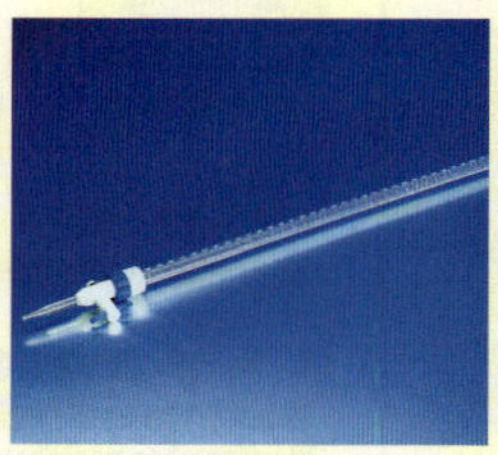

Bureta. Se emplea para medir volúmenes de líquidos con toda precisión. Leva una llave en su extremo inferior.

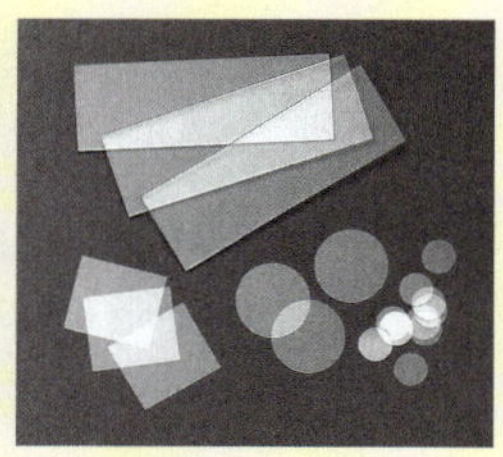

Portaobjetos. Lámina sobre la que se coloca una muestra, protegida por un **cubreobjetos**, que se estudiará con un microscopio.

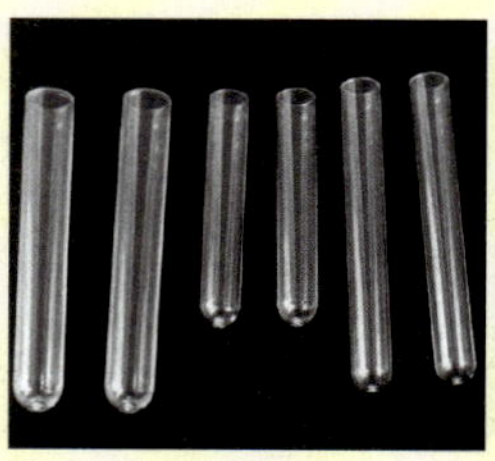

Tubo de ensayo. Recipiente, de volumen variable, que sirve para hacer pequeños ensayos en el laboratorio.

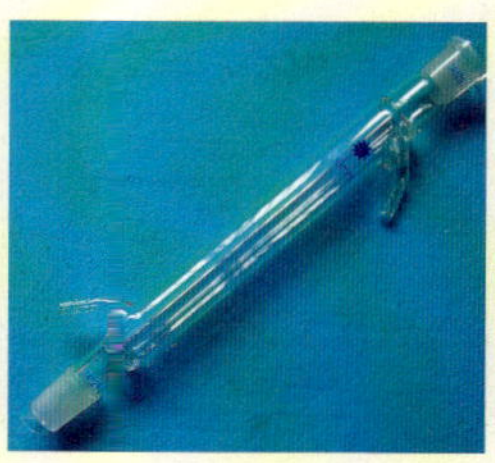

Refrigerante. Elemento que se emplea para enfriar los gases que se desprenden en una destilación a fase líquida.

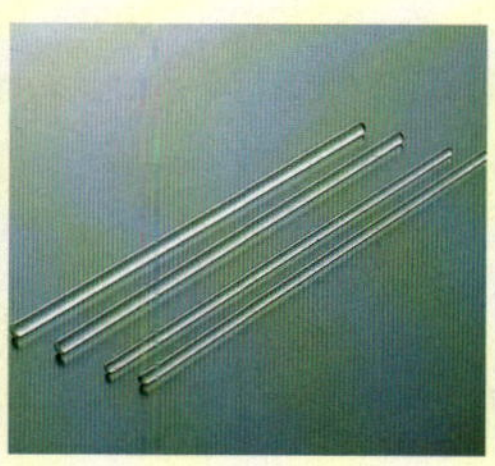

Agitador. Fina varilla maciza cilíndrica que se utiliza para mezclar o disolver sustancias y remover líquiudos.

Frascos cuentagotas con tetinas. Generalmente, se utilizan para contener disoluciones recién preparadas.

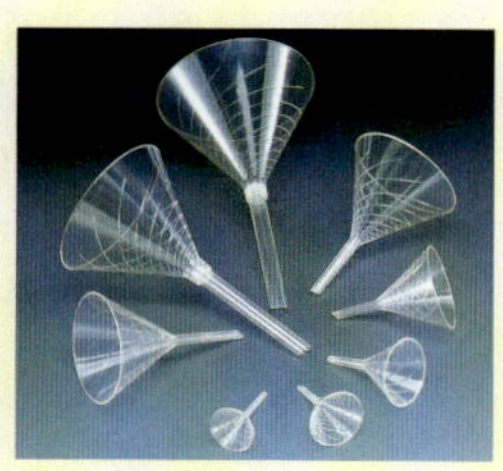

Embudo. Se usa para transvasar líquidos y como soporte para filtrar, colocando un **papel de filtro** cónico o plegado.

B MATERIAL DE PORCELANA

Son materiales de gran utilidad cuando se requiere una gran resistencia al calor.

Cápsula de porcelana. Se emplea para calentar sólidos o evaporar líquidos.

Mortero con mano. Se emplea para machacar, moler o triturar sustancias sólidas.

C MATERIAL DE PLÁSTICO

Normalmente se utilizan porque son económicos y apropiados para contener soluciones alcalinas.

Frasco lavador. Contiene agua destilada y se emplea para lavar recipientes y materiales de vidrio.

Cubeta de disección. Bandeja que se usa para colocar el organismo a diseccionar.

D MATERIAL DE METAL

Trípode. Sirve para calentar, con una **rejilla**, sustancias. El foco de calor es un **mechero**.

Soporte. Se utiliza para montajes. A su varilla se sujeta la **nuez** que sostiene **pinzas** y **aros**.

Microtomo de mano. Se usa para realizar cortes y hacer preparaciones microscópicas.

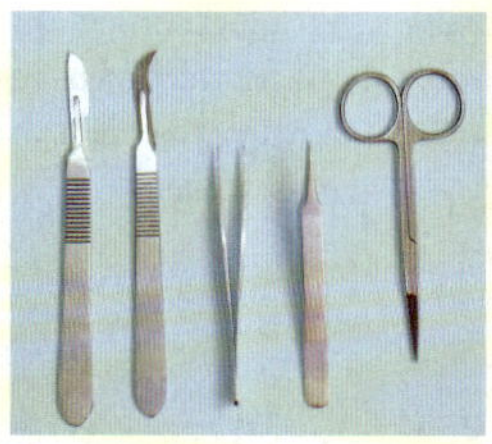

Sonda acanalada, bisturí, aguja enmangada, lanceta, tijeras y pinzas. Se usan en disecciones.

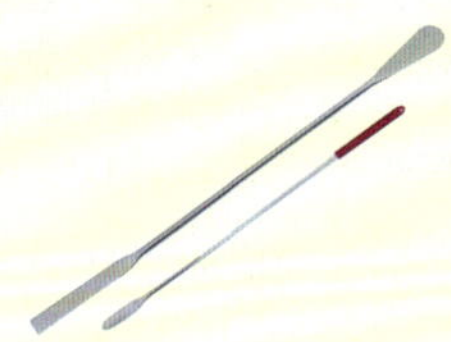

Espátula con cucharilla. Es muy útil para coger pequeñas cantidades de sustancias sólidas.

E MATERIAL DE MADERA, DE GOMA Y DE CORCHO

Gradilla. Soporte de madera o de metal donde se colocan los tubos de ensayo.

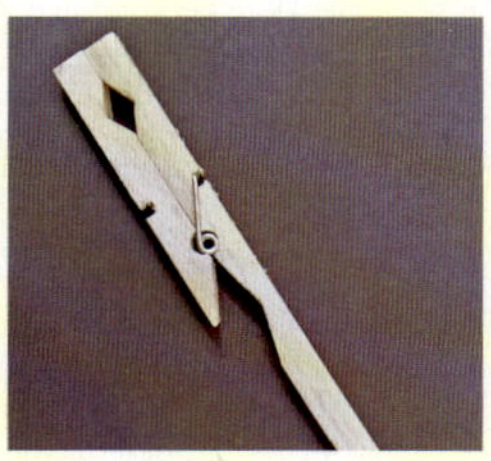

Pinzas de madera. Se usan para sujetar tubos de ensayo mientras se calientan.

Pera de goma. Aspirador de pipetas que se utiliza para succionar líquidos peligrosos.

Tapones de corcho. Sirven para cerrar herméticamente los tubos de ensayo.

Plancha de disección. De corcho o parafina, se emplea para sujetar órganos diseccionados.

1. ¿Qué es el material de laboratorio? Según el material que lo constituye, ¿cómo se puede clasificar?

2. Haz una lista de los materiales que hay en el laboratorio de tu centro e indica para qué sirve cada uno de ellos.

7 Equipos de laboratorio

Una parte del material de laboratorio lo constituyen los equipos de laboratorio. Son cualquier herramienta, instrumento de medición o recipiente, necesarios para la investigación, el análisis y la síntesis, en cualquier trabajo de laboratorio.

Mediante los equipos de laboratorio son posibles los experimentos, los controles de procesos y los controles de calidad.

Equipos de laboratorio más frecuentes

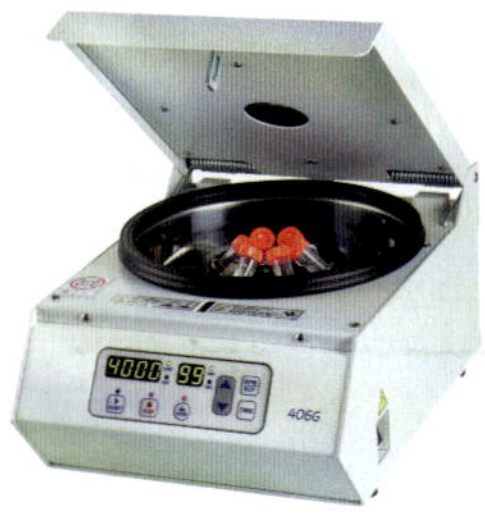

Centrífuga. Equipo de laboratorio que produce movimientos de rotación con el fin de separar los componentes que forman una sustancia.

Agitador magnético. Dispositivo electrónico que usa un campo magnético para mezclar, de forma automatizada, un solvente y uno o más solutos.

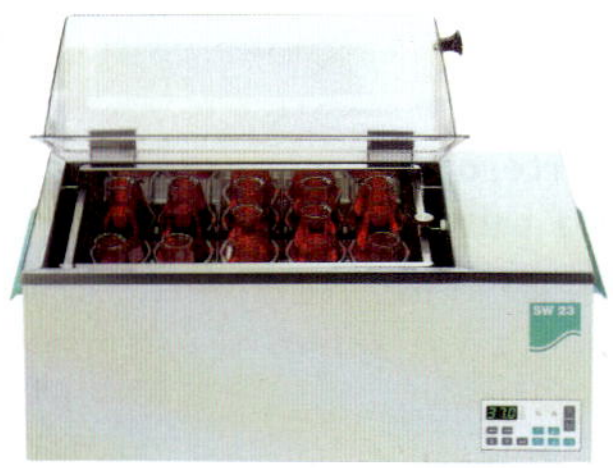

Baño María. Equipo que se emplea para conferir una temperatura uniforme a una sustancia líquida o sólida, mediante calentamiento indirecto.

Estufa de cultivo. Estufa que mantiene una temperatura constante y óptima para el crecimiento de los cultivos celulares y microbiológicos.

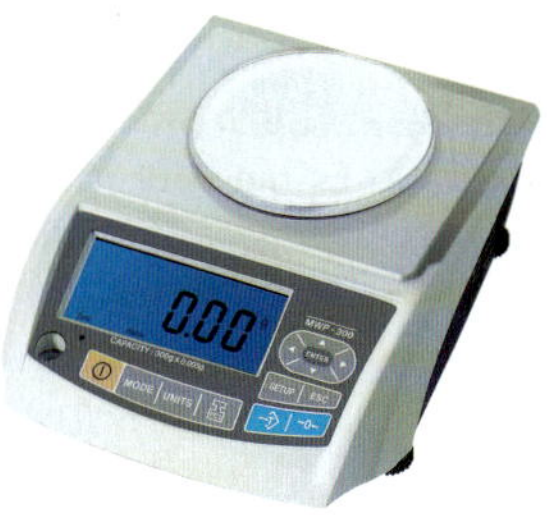

Balanza digital. Es un instrumento que sirve para pesar pequeñas cantidades de masa de reactivos.

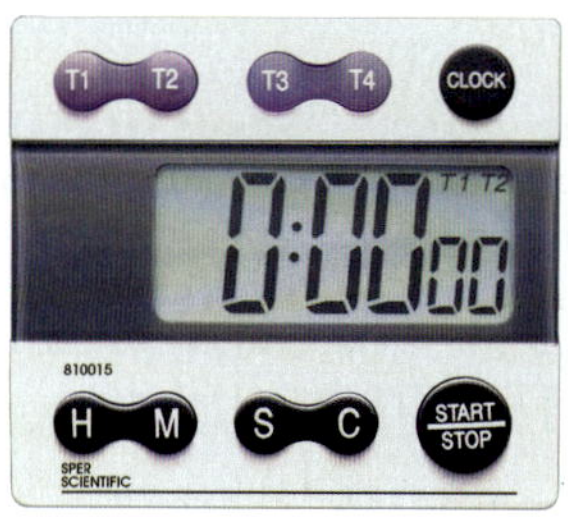

Cronómetro. Es un reloj de gran precisión que se utiliza para controlar el tiempo, cuando se realizan ciertos experimentos.

pH-metro. Es un sensor (electrodo) que se emplea en los laboratorios para medir el pH de una disolución.

Brújula. Es un instrumento formado por una aguja magnética, que siempre señala hacia el norte magnético.

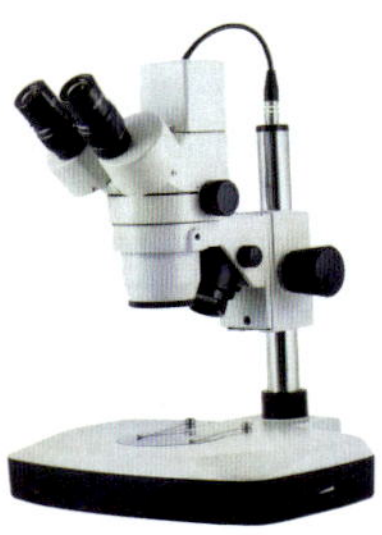

Lupa binocular. Instrumento que permite observar con más de 10 aumentos objetos opacos.

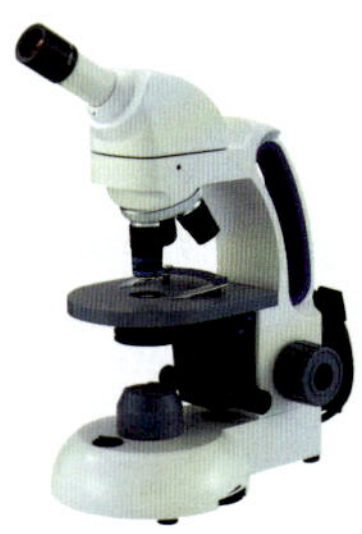

Microscopio. Instrumento que permite observar objetos no perceptibles al ojo humano.

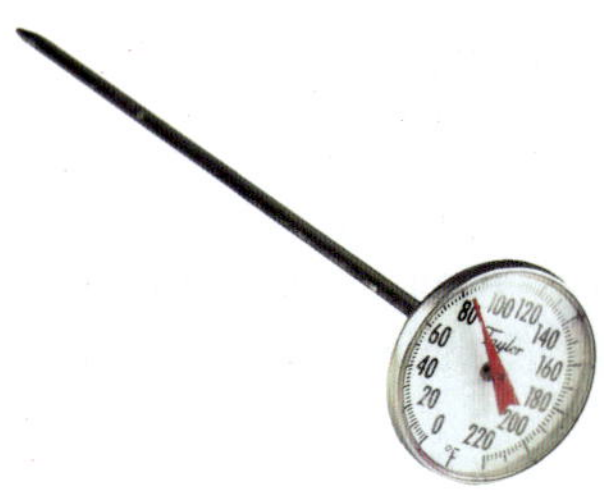

Termómetro. Es un instrumento que se usa para medir la temperatura.

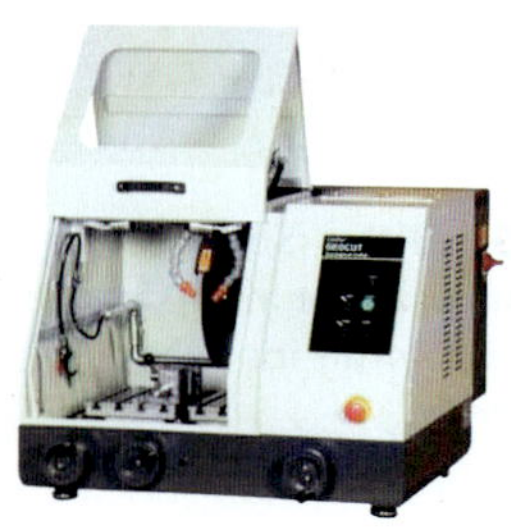

Máquina de corte geológico. Instrumento que se usa para seccionar rocas, minerales, etc.

EXPERIENCIA MANEJO DEL MICROSCOPIO ÓPTICO

El microscopio es un instrumento óptico capaz de ampliar la imagen de objetos cuyo pequeño tamaño no permite su estudio a simple vista.

Estructura del microscopio óptico

Un microscopio óptico básico está formado por:

- **Parte óptica.** Constituida por unas lentes, el ocular y los objetivos, que permiten observar la imagen aumentada que se produce cuando un objeto es atravesado por la luz.
- **Parte mecánica.** Sostiene las lentes y permite el enfoque. Formada por soporte, tubo y platina.
- **Sistema de iluminación.** Facilita la observación microscópica. Constituido por la fuente de luz, condensador y diafragma.

Aumento total que permite un microscopio

Para averiguar el número total de aumentos con que se observa una preparación se debe multiplicar el número de aumentos del ocular por el número de aumentos del objetivo.

Observación de una preparación

Los pasos a seguir para la perfecta utilización del microscopio óptico son los siguientes:

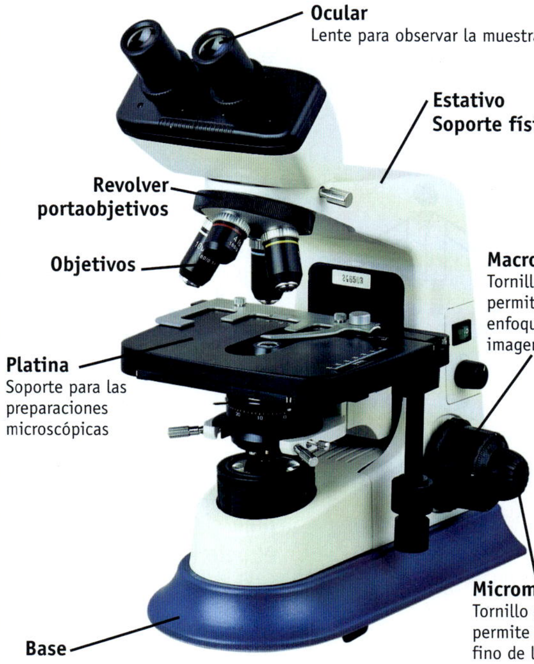

Partes de un microscopio.

1. Encender el microscopio.
2. Situar la preparación en la platina de manera que la muestra a observar quede en el orificio de la platina.
3. Poner el objetivo de menor aumento, ya que su amplio campo visual facilita localizar las estructuras importantes.
4. Subir la platina con el tornillo macrométrico hasta que se observe la muestra a estudiar. La preparación nunca debe tocar el objetivo.
5. Con el tornillo micrométrico, acabar de enfocar con nitidez.
6. Para enfocar con un objetivo de mayor aumento, cambiar de objetivo con un giro del revólver.
7. Para observar otros campos, desplazar la preparación moviendo los tornillos de la platina.
8. Para cambiar la preparación, colocar el objetivo de menor aumento, quitar la preparación y poner la siguiente.
9. Una vez terminadas las observaciones, apagar el microscopio y taparlo con su funda.

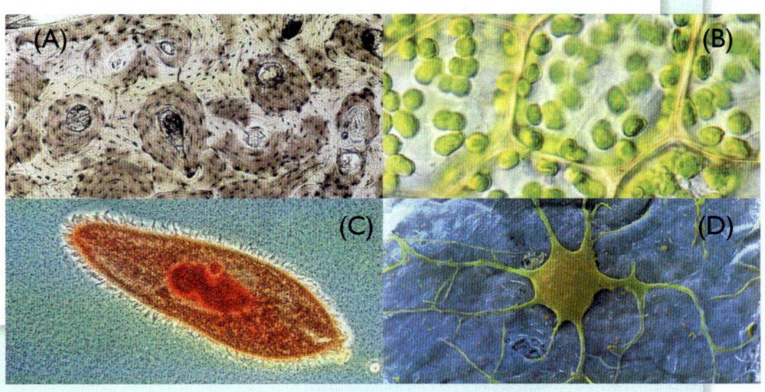

Imágenes obtenidas con un microscopio óptico. (A) tejido óseo compacto; (B) cloroplastos en células vegetales; (C) paramecio; y (D) neurona.

1. Si utilizamos un ocular de 10 aumentos (10x) con un objetivo de 40 aumentos (40x), ¿cuál es el aumento total con el que estamos observando la muestra colocada en la platina de un microscopio óptico?

---

1. ¿Qué es un equipo de laboratorio? ¿Qué posibilita?

2. Enumera los equipos más frecuentes en un laboratorio.

8 Normas de seguridad

Cuando se trabaja en un laboratorio es fundamental cumplir una serie de normas de seguridad para prevenir accidentes. El cuidado, la atención y la disciplina son requisitos que se deben mantener cuando se lleva a cabo cualquier tipo de actividad experimental.

Las normas habituales de seguridad son las siguientes:

1

Utilizar **bata de manga larga**, proteger las manos con **guantes** y los ojos con **gafas de seguridad**.

2

No llevar sandalias o **calzado** que deje el pie al descubierto y recoger el pelo largo con una coleta.

3

No comer, ni beber y ni almacenar alimentos en el laboratorio porque en él se efectúan experimentos con sustancias tóxicas.

4

No fumar en el laboratorio ni llevar **objetos personales** ni **cosméticos**, ni ponerse o quitarse **lentes de contacto**.

5

No correr. Evitar los desplazamientos innecesarios y los movimientos bruscos. **Hablar solo lo indispensable.**

6

Antes de salir del laboratorio, **lavarse las manos** con agua y jabón y **quitarse la bata**.

7

Manipular los productos químicos con el **material adecuado** y tener **precaución** al trabajar con **material de vidrio**.

8

Leer las indicaciones de las **etiquetas** para conocer algunas características y propiedades de los reactivos.

9

No tocar, ni **probar** ni **oler directamente** los productos químicos. El recipiente se mantiene alejado, y con la mano se acerca el olor hacia la nariz.

10

Cuando se **calienta un tubo de ensayo**, que contenga una disolución, nunca se debe dirigir su boca hacia alguien.

11

Si se utiliza un **ácido**, poner siempre el **ácido sobre el agua**, nunca al contrario.

12

Antes de **verter** los productos químicos de desecho a la pila, **cerciorarse** de si pueden dañar el desagüe.

COMPETENCIAS SEGURIDAD EN EL LABORATORIO

En las siguientes imágenes se muestra un mismo laboratorio en dos situaciones de trabajo, A y B, diferentes:

Situación A

Situación B

Observa atentamente las dos ilustraciones anteriores y contesta:

1. Analiza y enumera qué normas de seguridad se incumplen en cada una de las situaciones reflejadas.
2. ¿Cómo crees que se pueden corregir en cada caso?

Limpieza del material de laboratorio

El material de laboratorio debe permanecer siempre en orden y limpio.

Existen materiales de laboratorio que, después de su uso, requieren una limpieza y esterilización apropiadas para que puedan ser utilizados posteriormente. La limpieza es el proceso de eliminar, mediante medios físicos y/o mecánicos, la grasa y otros contaminantes de las superficies, los materiales, los equipos, el personal, etc. Este proceso, junto con el proceso de desinfección, es imprescindible para controlar la presencia de microorganismos en el ambiente.

Existen tres **métodos** prácticos para el tratamiento de los materiales de laboratorio:

- La **incineración**, controlada por el personal de laboratorio.
- La **desinfección química**, usando diferentes productos químicos como alcoholes y ozono.
- La **esterilización** mediante radiación; calor seco, por estufas de esterilización (hornos) y mediante calor húmedo, en autoclave.

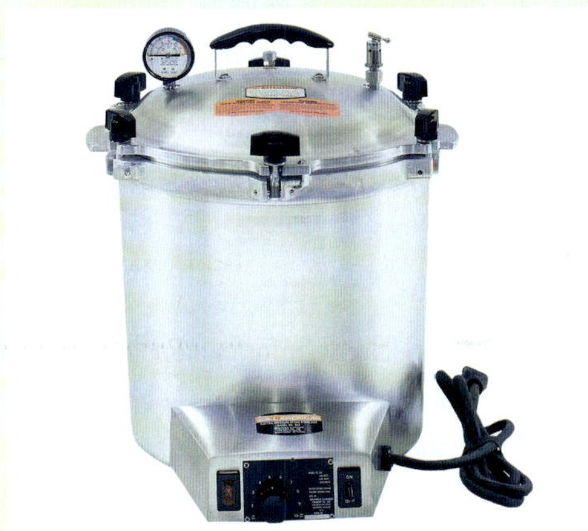

El **autoclave** es un equipo cerrado que utiliza vapor de agua a 121 °C y a 1 atmósfera de presión, durante 20 minutos, para destruir microorganismos.

1. Razona por qué está prohibido en un laboratorio:

a) Llevar objetos personales y cosméticos, y ponerse o quitarse lentes de contacto.

b) Salir con la bata puesta.

c) Hablar lo innecesario y realizar movimientos bruscos.

d) Cuando se calienta un tubo de ensayo, dirigir su boca hacia las personas que están alrededor.

e) Si se utiliza un ácido, poner el agua sobre el ácido.

f) Trabajar sin leer las etiquetas de los reactivos químicos.

g) Comer, beber y almacenar alimentos.

9 Primeros auxilios en caso de emergencia

Un laboratorio se caracteriza por la diversidad de actividades, instalaciones, equipos y materiales, productos químicos de distinta peligrosidad y personal. Todo ello implica **múltiples riesgos** y de **diferente naturaleza**.

En caso de accidente, lo más importante es protegerse a uno mismo, a continuación se ha de avisar y, si es posible, se puede intervenir. Como indicación general, **nunca se deben administrar líquidos, ni provocar el vómito a una persona inconsciente**. La primera acción será la **petición urgente de atención médica**. Solo cuando esta no sea inmediata se podrán seguir las siguientes **actuaciones**:

Salpicaduras en ojos y piel

- Lavarse con abundante agua durante 15 minutos.
- Utilizar la ducha y el lavaojos de emergencia.
- Quitarse la ropa y objetos salpicados.
- No neutralizar.

Inhalación de productos químicos

- Respirar aire fresco.
- En caso necesario, aplicar respiración asistida.
- Si la dificultad respiratoria es causada por cloro u otros gases altamente tóxicos, aplicar oxígeno.

Quemaduras térmicas

- Alejar a la persona de la fuente de calor.
- Lavar abundantemente con agua fría entre 10 y 30 minutos para enfriar la zona quemada.
- No quitar la ropa pegada a la piel.
- Tapar con ropa limpia la parte quemada.
- No aplicar desinfectantes, ni grasa ni pomadas para aliviar el dolor.
- No suministrar ni alimentos ni bebidas.
- No dejar sola a la persona accidentada.

Quemaduras por productos químicos

Por ácidos

- Cortar rápidamente la ropa empapada por el ácido.
- Lavar con abundante agua la zona afectada.
- Neutralizar el ácido con disolución de hidrogenocarbonato sódico al 1 %.
- Aplicar pomada y vendar.

Por álcalis

- Aplicar abundante agua a la zona afectada.
- Aclarar con ácido bórico o ácido acético.
- Secar la piel.
- Cubrir la parte afectada con pomada.
- Vendar.

Ingestión de productos químicos

- Llamar al servicio de información toxicológica.
- Acudir al médico de inmediato y enseñarle la etiqueta de datos de seguridad del producto químico.
- Retirar el agente nocivo del contacto del paciente.
- No provocar el vómito ni dar de beber nada a la persona accidentada si presenta convulsiones o está inconsciente.
- No provocar el vómito si el producto es inflamable o corrosivo.
- En general, dar a beber agua abundante.
- Algunas indicaciones generales, en caso de ingestión de productos químicos son:

Tóxicos y nocivos

- Beber abundante agua.
- Provocar el vómito.

Corrosivos

- Beber abundante agua y evitar el vómito (riesgo de perforación).

Irritantes

- Beber abundante agua.
- Provocar el vómito.

Inflamables

- Beber abundante agua y evitar el vómito (riesgo de aspiración).

COMPETENCIAS BOTIQUÍN DE PRIMEROS AUXILIOS

El botiquín de primeros auxilios de cada laboratorio debe responder a las necesidades propias del mismo. Tener preparado este botiquín puede ayudar a afrontar algunas emergencias sin perder tiempo.

El botiquín en un laboratorio debe mantenerse siempre cerca y en un lugar visible donde todas las personas tengan acceso al mismo. Es interesante que esté en una caja o en una bolsa con asas espaciosas, resistente y fácil de transportar para poder llevarlo a cualquier parte. Hay que revisarlo periódicamente y cambiar en las fechas correspondientes el contenido susceptible de caducar.

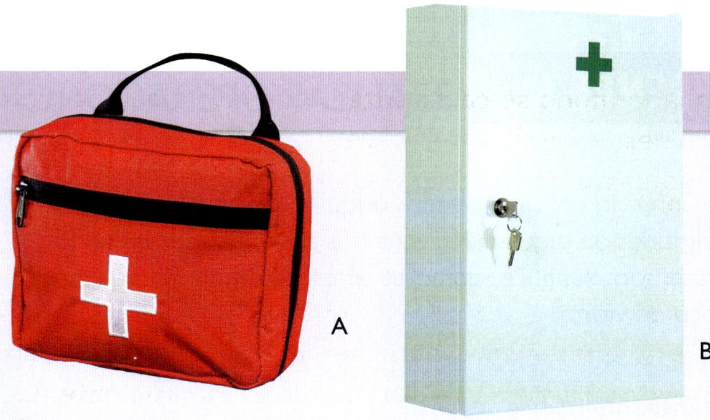

Botiquín de primeros auxilios. Bolsa con asas (A) y caja (B).

Los **elementos básicos** que debe contener un botiquín de primeros auxilios de un laboratorio son:

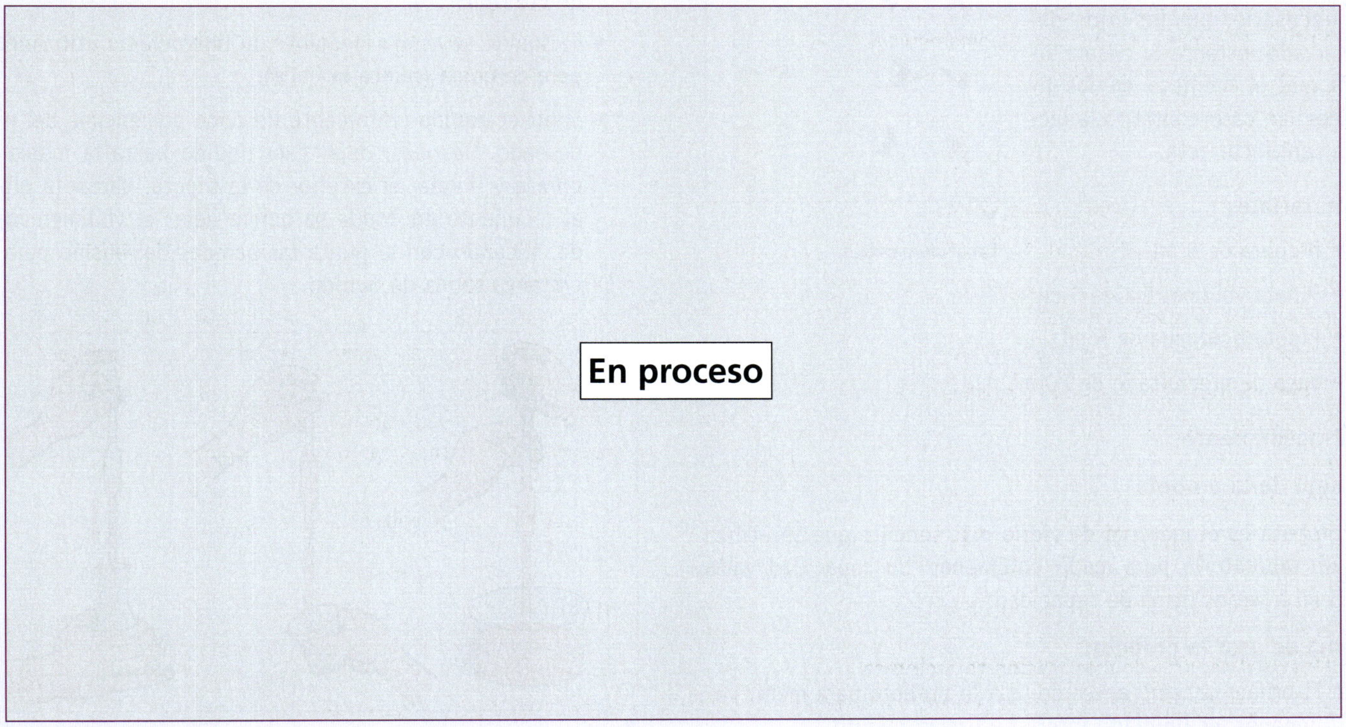

1. Observa atentamente el dibujo anterior que muestra, en general, los elementos básicos de un botiquín de primeros auxilios en un laboratorio. Agrupa los diferentes elementos atendiendo a los siguientes criterios:

   a) Material para curaciones. **b)** Medicamento.

   c) Material antiséptico. **d)** Elementos adicionales.

2. Acude al laboratorio de tu centro y realiza un estudio del botiquín. Elabora una lista del material que encuentres. Posiblemente halles elementos que no aparecen en la ilustración; en ese caso, incorpóralos también. Si detectas la falta de alguno de ellos, indícalo. Diseña un mural con los elementos que has observado, y donde aparezca también su uso habitual.

---

1. ¿Qué tres acciones se deben llevar a cabo ante un accidente? En caso de emergencia, ¿qué es lo que nunca se debe hacer cuando una persona está inconsciente? ¿Dónde hay que tener el botiquín de primeros auxilios?

2. Enumera las acciones a realizar en caso de: quemaduras térmicas y quemaduras originadas por productos químicos; salpicaduras en ojos y piel, e inhalación de productos químicos.

APRENDE A... REALIZAR OPERACIONES BÁSICAS DEL LABORATORIO

Con esta práctica puedes adquirir conocimientos y habilidades de algunas técnicas básicas utilizadas en un laboratorio científico, como es el uso de material volumétrico de vidrio.

1. Planteamiento

El material de uso más frecuente en un laboratorio científico para medir volúmenes de los líquidos son las probetas. Cuando se necesita más exactitud se usan pipetas o buretas.

En todo caso, para realizar una lectura correcta de un volumen es necesario que los ojos del observador estén a la misma altura que el menisco de los líquidos. En caso contrario la lectura será incorrecta.

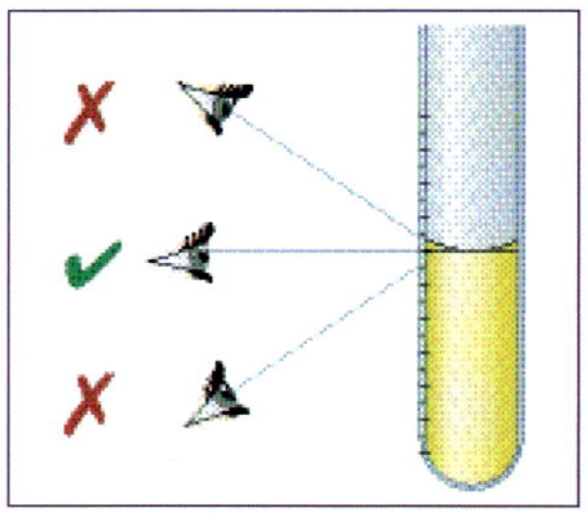

Error de paralaje.

2. Materiales

- Probeta de 5 ml
- Pipeta volumétrica de 5 ml
- Pipeta graduada de 5 ml
- Vaso de precipitado de 20 ml

3. Procedimiento

Manejo de la probeta

La probeta es el material de vidrio más sencillo que se utiliza en un laboratorio para medir volúmenes. Su capacidad varía de 5 ml a varios litros de capacidad.

Forma de usar la probeta:

- El primer consejo antes de usar la probeta para medir volúmenes, es limpiarla interior y exteriormente.
- Luego, se introduce el líquido a medir hasta la graduación deseada. Hay que evitar formar burbujas.
- Cuando estemos llegando al volumen requerido, al final, el enrase se consigue añadiendo el líquido con la ayuda de un cuentagotas, gota a gota.

Después de enrasar, hay que evitar que caigan gotas del extremo superior de la probeta.

Manejo de la pipeta

Existen varios tipos de pipeta, siendo las más comunes la pipeta aforada o volumétrica (para medir un volumen definido que esta marca) y la pipeta graduada (calibrada en unidades convenientes para permitir la transferencia de cualquier volumen desde 0,1 a 25 ml).

Forma de usar la pipeta:

Por lo general, la técnica de manejo de cualquier tipo de pipeta es la misma:

- Colocar la pera de goma (aspirador) en la boca de la pipeta y el otro extremo de la pipeta en el líquido que se quiere transferir.
- El líquido se aspira mediante un ligero vacío utilizando la pera de goma (nunca la boca).
- Subir el líquido lentamente un poco por encima del nivel deseado. Después, dejar caer líquido hasta la marca del enrase y limpiar el exterior de la pipeta. Vaciar la pipeta al recipiente en donde se quiera dejar el volumen medido, tocando con la punta las paredes del mismo para facilitar la salida de líquido.

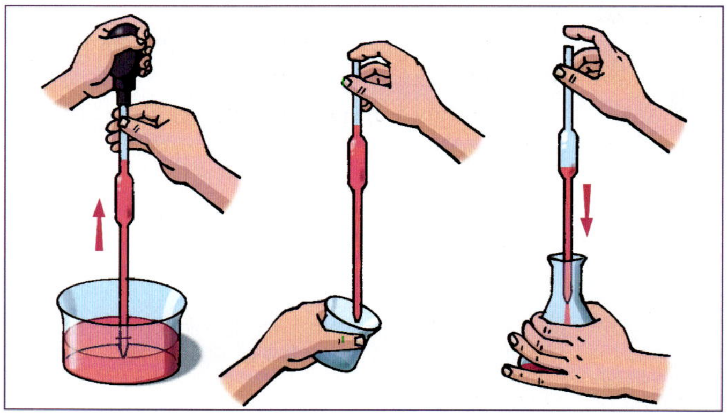

Uso de la pipeta. Aspirar (A), enrasar (B) y vaciar (C).

Aplica el procedimiento

- Mide 5 ml de agua en la pipeta graduada y vacía el agua en el vaso de precipitado.
- Repite el proceso sustituyendo la pipeta graduada por la pipeta volumétrica y la probeta.

4. Análisis de los resultados y conclusiones

1. Ordena los materiales utilizados en forma creciente respecto a la exactitud y la precisión de las medidas efectuadas con ellos.
2. ¿Cuál de los materiales es el más adecuado para medir 5 ml de un producto químico determinado?

1 Identifica preguntas científicas. El fuego en los laboratorios

El fuego es uno de los riesgos que presenta el trabajo en un laboratorio, derivado, generalmente, de un incorrecto almacenamiento de los productos químicos, de errores de manipulación o de las fuentes de ignición no controladas. El fuego se produce como consecuencia de un proceso químico de oxidación-reducción en el que se libera gran cantidad de energía.

Los fuegos se clasifican en las siguientes categorías:

Fuegos de materiales sólidos, como maderas, plásticos o papeles. Se queman en superficie y en profundidad. Dejan residuos.

Fuegos de líquidos inflamables, como gasolina, alcohol o pintura. Se queman solamente en superficie. No dejan residuos.

Fuegos relacionados con equipos eléctricos energizados, como transformadores, aparatos eléctricos y motores eléctricos.

Fuegos ocasionados por metales combustibles, como aluminio, sodio, potasio o magnesio, que alimentan el fuego.

Elige entre las frases siguientes las que plantean cuestiones que pueden ser resueltas mediante experimentos científicos. Argumenta tu elección.

a) Los materiales sólidos, como maderas, plásticos o papeles, se queman en superficie y en profundidad.

b) Los metales combustibles, como el aluminio, el sodio, el potasio o el magnesio, alimentan el fuego.

c) Los fuegos se clasifican en cuatro categorías: clase A, clase B, clase C y clase D.

d) Los líquidos inflamables se queman solo en superficie y no dejan residuos.

El fuego es el resultado de la combinación de combustible, calor y oxígeno.

2 Diseña un experimento. Toma de muestras de productos químicos sólidos

Para realizar una reacción química hay que conocer las proporciones y las cantidades de los productos químicos que se van a utilizar y asegurarse de que las sustancias no están contaminadas.

1. Enuncia una hipótesis

Haz una predicción sobre si las cantidades pequeñas de un producto químico sólido granulado o en polvo se pueden y deben transvasar desde un frasco almacén a un recipiente con una espátula con cucharilla limpia y seca.

2. Diseña el experimento

Con la información anterior, diseña un experimento para tomar una muestra de producto químico sólido y evitar su contaminación. Deberás tener disponible el material necesario, como por ejemplo frasco almacén de producto químico deseado, espátula con cucharilla, varilla de vidrio, vaso de precipitados, un vidrio de reloj, una espátula de porcelana, etc.

3. Analiza e interpreta las imágenes

- Dibuja e identifica el material de laboratorio que has utilizado.

4. Extrae conclusiones

- ¿Cuál es la razón por la que la espátula con cucharilla debe estar limpia y seca? ¿Cómo se puede evitar la contaminación de los productos químicos, tanto sólidos como líquidos?
- ¿Se ha cumplido la hipótesis?

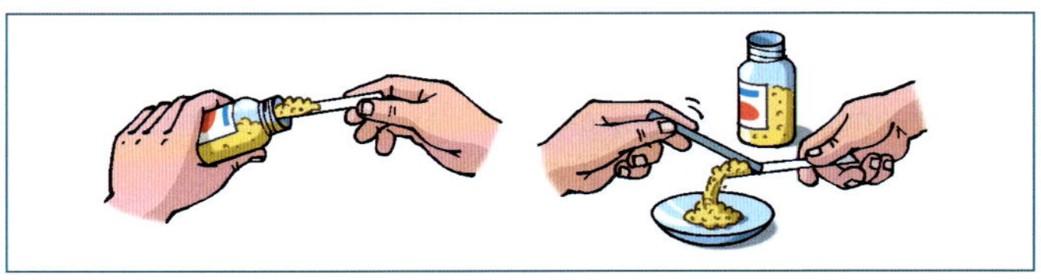

Método para transvasar un producto químico sólido a un recipiente.

3 Interpreta unas imágenes. **Materiales y equipos de laboratorio**

Observa los siguientes materiales y equipos de laboratorio e indica sus nombres:

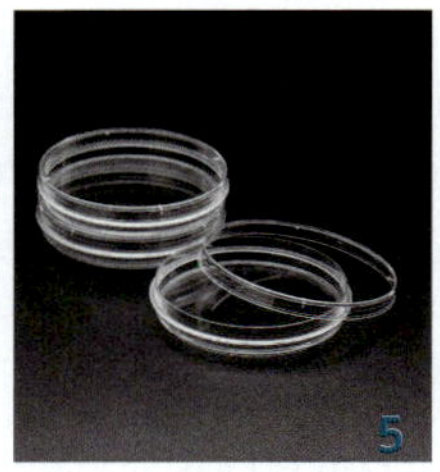

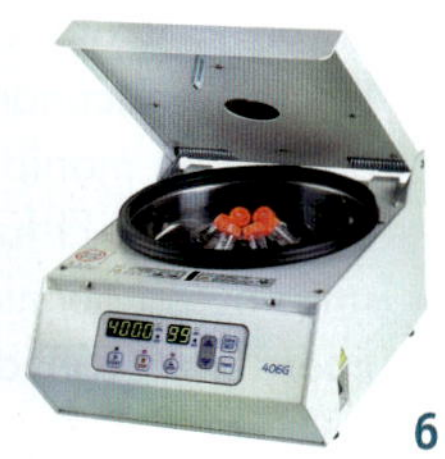

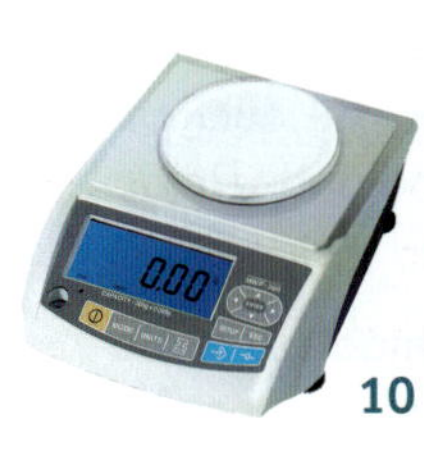

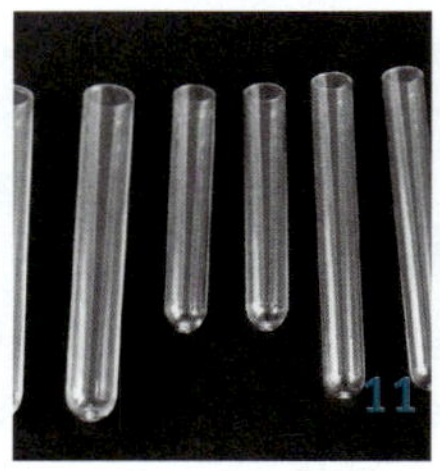

4 Analiza un texto. **Plan de emergencia**

Cada laboratorio debe disponer de su propio plan de emergencia, o bien debe estar incluido dentro del plan de emergencia del edificio donde se encuentra instalado.

El plan de emergencia debe incluir:

- La organización y coordinación de equipos de primera intervención (EPI), equipos de segunda intervención (ESI), equipo de primeros auxilios, jefe de seguridad, jefe de emergencia, personal responsable de activar alarmas, etc.
- Las actuaciones a seguir según el tipo de emergencia de que se trate (emisión de sustancias peligrosas, incendio, accidente de una persona, atentado, aviso de bomba, etc.)
- Identificación y situación de los elementos de emergencia (extintores, ducha de emergencia, lavaojos de emergencia, mangueras, etc.)
- Calendario de simulación.

Toda la información necesaria para la actuación en caso de emergencia, así como los números de teléfonos y las direcciones de interés, deben estar en un lugar bien visible.

1. ¿Qué debe incluir un plan de emergencia?
2. Busca información sobre los equipos de primera y segunda intervención: qué son, quiénes los componen y cuál es su función en una emergencia.
3. Investiga qué tipo de actuación se debería seguir en caso de emisión de una sustancia peligrosa, como por ejemplo en la fuga de gases o en el vertido de productos químicos.

5 Interpreta un esquema. **Rombo de seguridad**

Observa los siguientes esquemas que representan los «rombos de seguridad», mediante los cuales puedes identificar las características de cuatro productos químicos:

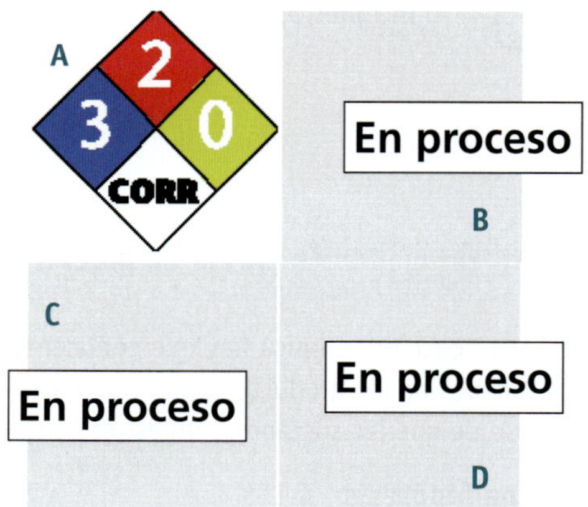

Explica de cada uno de ellos:

a) Nivel de riesgo para la salud o capacidad del producto para producir lesiones por contacto con la piel, inhalación o ingestión.

b) Inflamabilidad o capacidad para iniciar la combustión provocada por la elevación local de la temperatura.

c) Reactividad o capacidad para reaccionar en presencia de otras sustancias, y originar otras nuevas y distintas a las iniciales.

d) Riesgo específico del producto químico estudiado.

Los laboratorios

- Un laboratorio es un espacio que se encuentra preparado para la realización de experimentos, investigaciones y trabajos de tipo científico y técnico, siempre bajo unas condiciones ambientales controladas y normalizadas. Existen muchos tipos de laboratorios. Por ejemplo, en científicos, clínicos o de metrología.
- El diseño y la organización de un laboratorio deben ser planificados para minimizar el riesgo de accidentes y lograr que sea un espacio en el que prime la seguridad. Esto se alcanza con unas instalaciones apropiadas y un mobiliario bien elegido y distribuido que cumplan las normas de seguridad establecidas.
- En los laboratorios de investigación y de docencia se utiliza una gran variedad de productos químicos sólidos y líquidos y disoluciones comerciales. Cada producto se encuentra en el envase más adecuado que lleva una etiqueta original que contiene información sobre su peligrosidad, las precauciones a tomar en su manipulación y el riesgo derivado de su uso.
- Los laboratorios disponen de una serie de utensilios, recipientes e instrumentos de medida, según la rama de la ciencia de la que forman parte, que en su totalidad reciben el nombre de material de laboratorio.

El trabajo en los laboratorios

- Cuando se trabaja en un laboratorio es fundamental cumplir una serie de normas de seguridad para prevenir accidentes. El cuidado, la atención y la disciplina son requisitos que se deben de mantener cuando se lleva a cabo cualquier tipo de actividad experimental.
- La diversidad de actividades, instalaciones, equipos y materiales, productos químicos de distinta peligrosidad y personal implica múltiples riesgos y de diferente naturaleza.
- En caso de accidente, lo más importante es protegerse a uno mismo, a continuación hay que avisar y, si es posible, se puede intervenir.

1 CONSOLIDA LO APRENDIDO

a) Explica cómo deben regularse, de manera general, cada una de las condiciones ambientales de un laboratorio.

b) ¿Qué trabajo se realiza en un laboratorio científico?

c) Explica la función específica y la finalidad del trabajo de un laboratorio de: biología, geología, química, física, clínico y metrología.

d) Enumera los requisitos que debe cumplir las instalaciones de un laboratorio.

e) ¿Para qué se emplea la vitrina de gases?

f) ¿Cómo deben ser los taburetes y las sillas de un laboratorio?

g) ¿Qué son y para qué se utilizan los pictogramas de peligrosidad?

h) Busca el significado de los siguientes términos: nocivo, explosivo, tóxico, irritante, inflamable, oxidante y corrosivo.

i) ¿En qué consiste el proceso de limpieza de las superficies, materiales, equipos, personal, etc., de un laboratorio?

DEFINE CONCEPTOS CLAVE

- Método científico
- Control
- Frases R/S
- Normas de seguridad
- Mobiliario
- Botiquín de primeros auxilios
- Esterilización

RESPONDE A LA PREGUNTA INICIAL

¿Qué materiales tenemos que utilizar y qué normas de seguridad debemos seguir al trabajar en un laboratorio?

TÉCNICAS DE ESTUDIO: www.tiching.com/000000

Practica técnicas de estudio a partir de la síntesis.

2 LAS MAGNITUDES Y LAS MEZCLAS

¿Qué técnicas se pueden utilizar para separar los componentes de una mezcla?

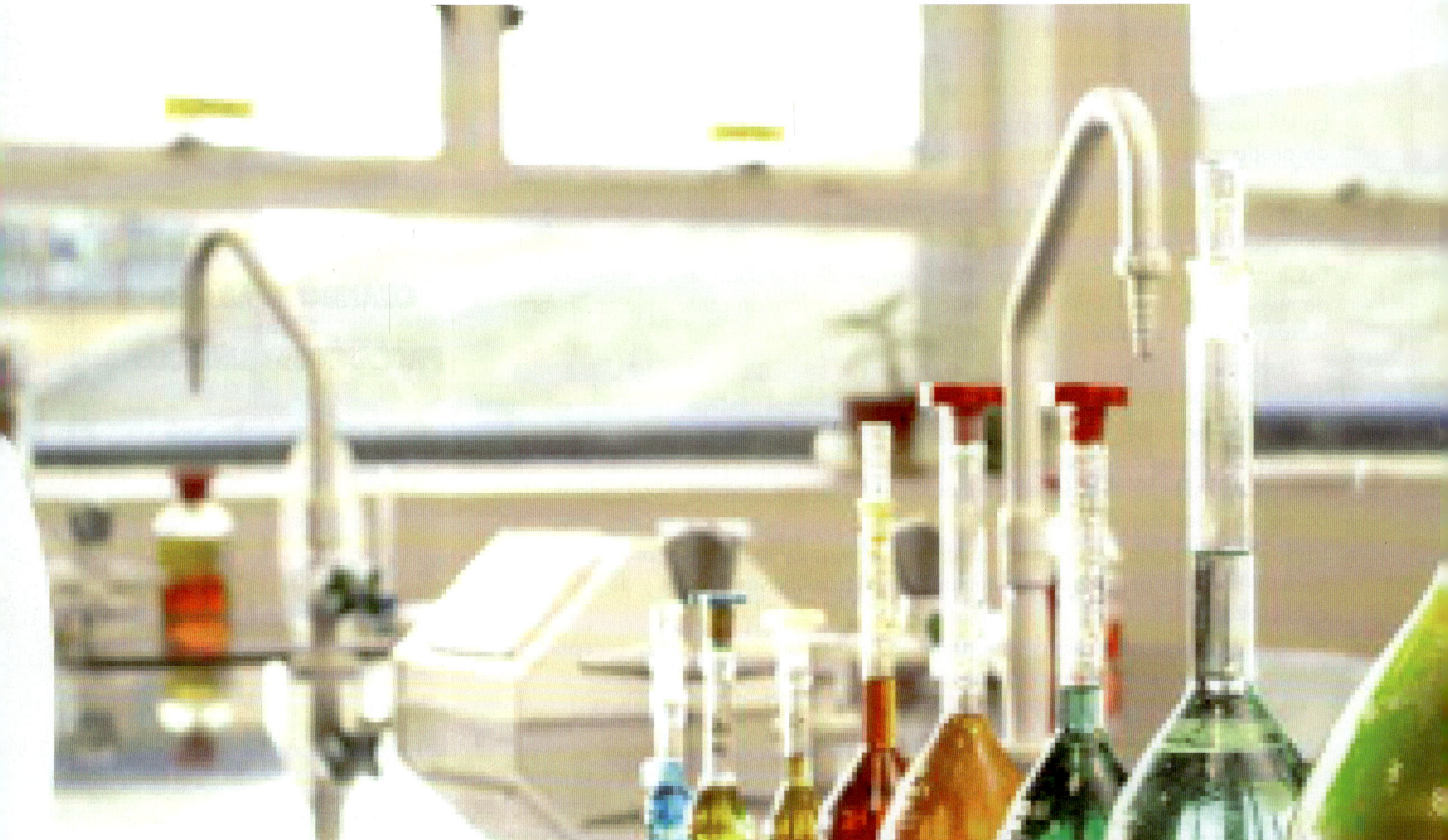

La medida de una magnitud, como la longitud, se puede hacer hoy en día con una gran precisión gracias a los nuevos instrumentos que utilizan tecnología láser.

Las sustancias químicas o sustancias puras están formadas por elementos químicos, como el azufre, o por compuestos de varios elementos.

La materia está formada por sustancias puras y por mezclas, y se caracteriza por tener unas propiedades que pueden ser medidas mediante el uso de instrumentos y de unidades de medida.

Las sustancias puras presentan unas propiedades invariables debido a que están formadas por un único tipo de sustancia, mientras que las mezclas, formadas por combinaciones variables de varias sustancias puras pueden presentar propiedades diferentes.

Las mezclas pueden ser homogéneas o heterogéneas y pueden ser separadas en sus componentes por medio de métodos físicos, específicos para cada tipo de mezcla.

¿Qué sabemos?

- ¿Cómo se utilizan los instrumentos y materiales de laboratorio?
- ¿Cuáles son las propiedades de la materia?
- ¿Cómo identificar las sustancias puras y las mezclas?
- ¿Qué diferencia existe entre átomos y moléculas? ¿y entre elementos y compuestos?

Las mezclas son combinaciones de dos o más sustancias puras, como sucede en el caso del bronce, que es una mezcla homogénea de cobre y estaño.

¿Qué aprenderemos?

- Cómo aplicar las técnicas y el instrumental adecuados para identificar y medir las magnitudes físicas.
- Qué son las mezclas y qué tipos existen.
- Qué métodos y técnicas instrumentales se deben utilizar para separar los componentes de las mezclas.

1 Propiedades de la materia: las magnitudes físicas

Cualquier objeto está formado por **materia**, que es todo aquello que tiene una masa determinada y que ocupa un espacio, y que puede estar en diferentes estados: sólido, líquido o gaseoso.

Las propiedades de la materia pueden ser de dos tipos:

- **Propiedades extrínsecas o extensivas.** Dependen del tamaño de un objeto, como sucede con el volumen o la masa.
- **Propiedades intrínsecas o intensivas.** No dependen del tamaño o de la cantidad de materia del objeto. Su valor no cambia al dividir un objeto en otros de menor tamaño. Esto ocurre, por ejemplo, con el color o con la densidad.

La medida y las magnitudes

La **medición** consiste en determinar la cantidad que un objeto tiene de una determinada propiedad en comparación con una **unidad de medida** estándar que se utiliza como referencia. Desde este punto de vista se pueden considerar dos tipos de propiedades:

- Las **propiedades cualitativas,** como el sabor o el color, son aquellas que no pueden ser medidas.
- Las **magnitudes** o **propiedades cuantitativas,** como la longitud o el volumen, pueden ser medidas mediante instrumentos de medida adecuados. Cada magnitud se representa por un símbolo, por ejemplo, **T** para la temperatura o **m** para la masa.

Una **unidad de medida** es una cantidad estándar de una determinada magnitud que, por comparación con ella, nos permite medir dicha magnitud en otros cuerpos. Cada unidad de medida también se representa por un símbolo: metro (m), kilogramo (kg), segundo (s), etc.

Cómo se toman las medidas

Para la medida de cada magnitud se necesita un instrumento adecuado o bien la realización de un ensayo que permita su cálculo.

Por ejemplo, para medir el tiempo se utiliza un cronómetro, para la longitud se puede usar un calibre, una regla o una cinta métrica.

La precisión de la medida

Un árbitro de fútbol mide la distancia a la que debe ponerse la barrera desde el punto del que va a tirarse una falta, contando un número determinado de pasos. ¿Consideras que es una unidad de medida precisa?

La medida del tiempo

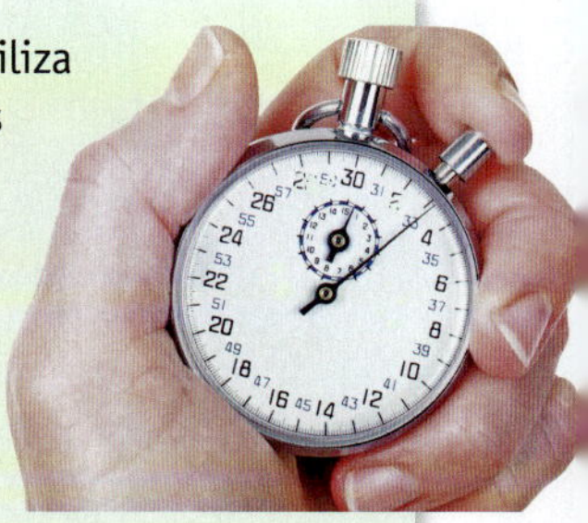

Para medir el tiempo se utiliza el cronómetro o reloj. Los múltiplos más utilizados son el **minuto** (60 s), la **hora** (60 min) y el **día** (24 h).

Sin embargo, para los submúltiplos se usa el sistema decimal: décimas (0,1 s), centésimas (0,01 s) o milésimas (0,001 s) de segundo.

Unidades de medida: el Sistema Internacional

Se ha utilizado una gran diversidad de unidades de medida a lo largo de la historia. La misma unidad podía presentar diferencias de unos países o regiones a otros. Con el fin de unificarlas se propuso el **Sistema Internacional (SI)**, basado en el Sistema Métrico Decimal, que incluye unidades de medida para las magnitudes más comunes. Se instauró inicialmente con siete magnitudes y ha sido ampliado con otras derivadas, como la superficie y el volumen. Ha sido adoptado oficialmente por la mayor parte de los países del mundo, si bien en algunos es compartido con otros sistemas tradicionales.

Magnitud	Nombre	Símbolo
Longitud	metro	m
Masa	kilogramo	kg
Tiempo	segundo	s
Intensidad de corriente eléctrica	amperio	A
Temperatura	kelvin	K
Cantidad de sustancia	mol	mol
Intensidad de luz	candela	cd

COMPETENCIAS MEDIDA Y CÁLCULO DE LONGITUDES

Para medir la longitud se utilizan escalas graduadas, como calibres, reglas o cintas métricas, y también modernos dispositivos que utilizan la tecnología láser.

La medida de la longitud de polígonos regulares y circunferencias se puede hacer mediante cálculos matemáticos sencillos.

1. Longitud de una circunferencia

- Utiliza una regla para medir el radio en mm y toma la medida al menos tres veces.
- Anota los resultados obtenidos e indica la unidad de medida utilizada.
- Calcula el valor medio de las medidas obtenidas para el radio (r) y realiza el cálculo de la longitud de la circunferencia.

$$L = 2 \pi r$$

2. Perímetro de un triángulo rectángulo

- Mide los dos catetos (AB y AC) del triángulo.
- Calcula la longitud de la hipotenusa (BC) aplicando el teorema de Pitágoras y mídela para comprobar el resultado.
- Calcula el perímetro del triángulo.
- Expresa los resultados obtenidos en milímetros y realiza los cálculos necesarios para poder expresarlos también en metros.

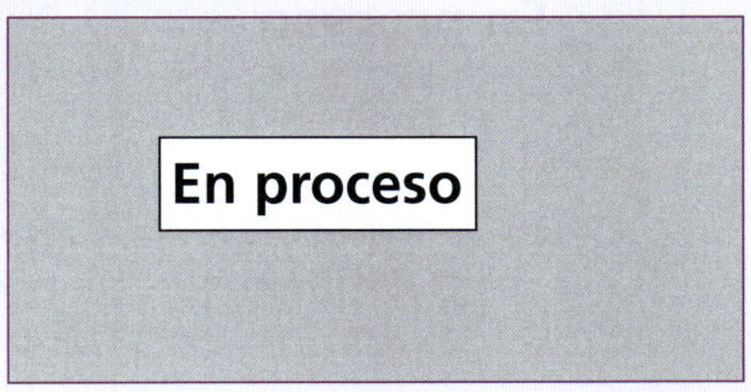

3. La distancia de las estrellas

El sistema estelar Alfa Centauri está a una distancia de la Tierra de 4,37 años luz.

El año luz es la distancia recorrida por la luz durante un año. Calcula la distancia de Alta Centauri a la Tierra en km si la velocidad de la luz es de 300.000 km/s.

Múltiplos y submúltiplos

Los múltiplos y submúltiplos de las unidades del SI son muy útiles cuando la magnitud que se mide alcanza valores muy altos o muy bajos, respectivamente. Estas unidades se obtienen multiplicando por un factor y se denotan mediante un prefijo y un símbolo:

Múltiplos			Submúltiplos		
Factor	Prefijo	Símbolo	Factor	Prefijo	Símbolo
10^1	deca	da	10^{-1}	deci	d
10^2	hecto	h	10^{-2}	centi	c
10^3	kilo	k	10^{-3}	mili	m
10^6	mega	M	10^{-6}	micro	µ
10^9	giga	G	10^{-9}	nano	n

Así, un hectómetro (hm) equivale a 100 m, y un centigramo (cg), a 10^{-2} g (0,01 g).
¿A cuántos kilómetros equivalen 20 m?

El calibre

El calibre es un instrumento de medida formado por una regla que aprecia mm y un nonius que permite apreciar décimas o centésimas de mm.

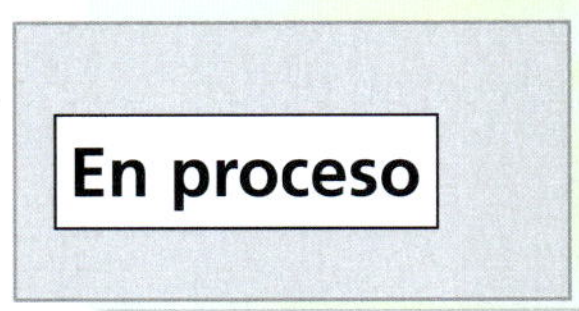

En el ejemplo de la izquierda, la medida del objeto sería de 56,85 mm.

@ Amplía en la Red...

Para saber más sobre las magnitudes, entra en:
www.tiching.com/000000

1. ¿Qué es una propiedad extensiva? ¿Y una propiedad intensiva?
2. ¿Qué es una magnitud? ¿Y una unidad de medida? ¿Y un micrómetro (µm)?
3. ¿Qué es el Sistema Internacional (SI)? ¿Cuáles son las unidades de longitud y de masa en el SI?
4. Transforma en gramos las siguientes unidades:
   a) 120 kg b) 28 mg c) 6 dag d) 2 850 µg

2 Medida de la superficie y del volumen

La medida de la superficie

La **superficie** es una magnitud que se refiere a la extensión de un cuerpo en dos dimensiones y la **unidad de superficie** en el Sistema Internacional es el **metro cuadrado (m^2).**

- La superficie de objetos de formas regulares se puede medir mediante cálculos de aplicación de fórmulas matemáticas relativamente sencillas.

La medida del volumen

El **volumen** es el espacio ocupado por un cuerpo y la **unidad de volumen,** en el Sistema Internacional, es el **metro cúbico (m^3).**

- La medida del volumen puede hacerse mediante cálculos matemáticos, cuando el objeto tiene la forma de un cuerpo regular, o mediante un ensayo de **desplazamiento** de agua.

Múltiplos y submúltiplos

La superficie y el volumen son magnitudes derivadas de la longitud, y sus múltiplos y submúltiplos presentan una escala de conversión diferente:

— Cada unidad de superficie es igual a 100 unidades de la categoría inferior siguiente y cada unidad de volumen equivale a 1 000 unidades de la categoría inferior siguiente.

— Un decámetro cuadrado (dam^2), por ejemplo, es la superficie de un cuadrado de 10 m de lado, o sea 100 m^2, y un metro cúbico (m^3) equivale a 1 000 dm^3.

Ensayo de desplazamiento de agua

Para medir el volumen de un cuerpo de forma irregular, se pone una cantidad de agua en una probeta o vaso graduado y se anota el volumen. A continuación se introduce el objeto y se anota el nuevo volumen. La diferencia entre el volumen final y el volumen inicial nos dará el volumen del objeto.

Para medir el volumen de gas producido en una reacción, este se recoge en una probeta o envase graduado lleno de agua e invertido. El gas desplazará al agua y la lectura del volumen nos dará el volumen de gas producido.

Cálculo de errores

Al medir una magnitud se pueden cometer errores debido a las limitaciones de nuestros sentidos y a la mayor o menor sensibilidad de los instrumentos de medida utilizados. La **sensibilidad** de un instrumento es la mínima medida de una magnitud que se puede llevar a cabo con él.

El **error absoluto** es la diferencia entre el valor hallado al medir la magnitud (V_H) y el valor real de la misma (V_R), y puede ser un valor positivo o negativo:

$$(E_A = V_H - V_R)$$

El **error relativo** (E_R) es el error cometido por unidad de medida, indica el grado de precisión y se expresa en %:

$$E_R = (E_A / V_R) \times 100$$

Ejercicio resuelto

Un operario mide un cable que tiene 25 m de largo, y obtiene una medida de 24,8 m. ¿Cuáles serán el error absoluto y el error relativo de la medida obtenida?

El error absoluto (E_A) será: $25 - 24{,}8 = 0{,}2$ m.

El error relativo será el resultado de dividir el error absoluto por el valor real y multiplicar por 100: $E_R = (0{,}2 / 25) \times 100 = 0{,}8$ %.

COMPETENCIAS VOLUMEN Y CAPACIDAD

La capacidad de un recipiente es el volumen total que puede contener, y su unidad en el Sistema Internacional es el litro (l). Un litro de capacidad equivale a un volumen de 1 dm^3.

1. Una piscina de forma prismática tiene las dimensiones siguientes: 12 m de longitud, 5 m de anchura y 150 cm de profundidad. Tras limpiarla se está llenando por medio de una manguera que ha completado la tercera parte de su capacidad en 10 horas.

a) Expresa la capacidad de la piscina en hectolitros (hl).

b) Calcula el tiempo que tardará en llenarse con esa manguera.

c) Una vez llena, la manguera ha seguido echando agua durante 40 minutos. ¿Qué volumen de agua se habrá desperdiciado?

2. Un operario midió el diámetro de una esfera y obtuvo un resultado de 39 cm. A continuación, calculó la superficie y el volumen de la esfera y los anotó en su hoja de trabajo. Posteriormente elaboró una caja metálica de forma cilíndrica en la que poder empaquetar dicha esfera sin que se moviera. Al terminar, comprobó con sorpresa que la esfera no cabía en la caja.

En proceso

En proceso

Tras tomar nuevas medidas de forma cuidadosa comprobó que el diámetro real de la esfera era de 40 cm y construyó una nueva caja adaptada a la nueva medida encontrada.

a) ¿Qué precauciones tomaría para medir con mayor exactitud al utilizar el procedimiento representado en el dibujo?

b) Calcula los errores absolutos y relativos en las medidas de longitud, superficie y volumen efectuadas.

c) ¿Qué volumen de la caja quedaría sin ocupar por la esfera?

SUPERFICIES Y VOLÚMENES

En proceso

Superficies y volúmenes de algunos cuerpos espaciales comunes.

@ Amplía en la Red...

Para saber más sobre la medida de la superficie y el volumen, entra en: www.tiching.com/000000

1. ¿Qué es la superficie? ¿Cuál es la unidad de superficie en el Sistema Internacional?

2. Transforma los siguientes volúmenes en m^3:
a) 10 dam^3 ; b) 1 650 cm^3 ; c) 0,8 hm^3

3. Calcula la superficie y el volumen de un cilindro de 50 cm de radio (r) y 1,10 m de altura (h).

4. Al medir una baldosa de 16 dm^2 se obtiene un valor de 1 580 cm^2. ¿Cuál es el error relativo?

3 Medida de la masa, el peso y la densidad

La medida de la masa

La **masa** es la cantidad de materia contenida en un cuerpo, y la unidad de masa en el Sistema Internacional es el kg.

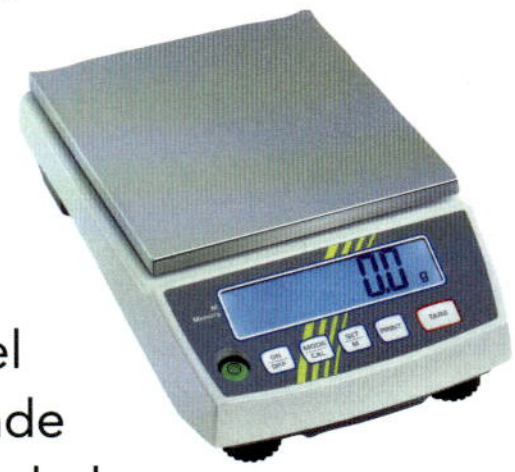

Para medir la masa se utiliza una **balanza,** que es un instrumento que en realidad mide el **peso,** que es la fuerza con la que el objeto es atraído por la Tierra y que depende de la masa y de la aceleración de la gravedad (g):

Peso = m x g

Sin embargo, el dato que ofrece la balanza corresponde a la masa del cuerpo.

Medida de la masa de sólidos y de líquidos

La masa de un sólido se mide directamente mediante el uso de una balanza apropiada.

Para medir la masa de un líquido se pesa el recipiente en el que está con el líquido y se resta la masa del recipiente. Lo mismo se hace para conocer la masa de un gas que esté en un recipiente cerrado a una presión superior a la presión atmosférica.

Representaciones gráficas

La presentación de los resultados de un trabajo o experimento se puede mejorar mediante el uso de gráficas:

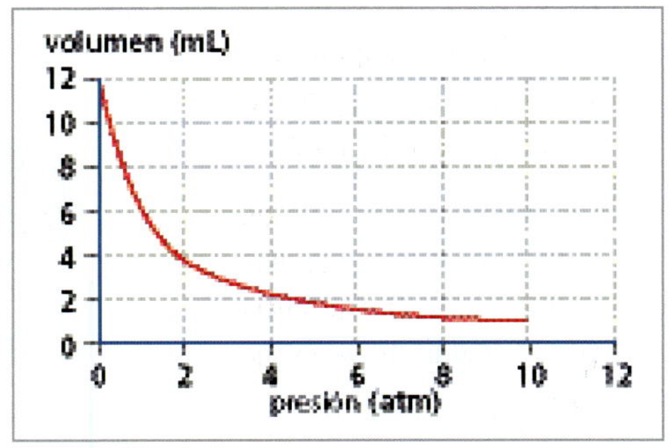

Relación entre el volumen de un gas y la presión.

Cxxxxxxxxxxxxxxx

La densidad

La densidad es una propiedad intrínseca de la materia que corresponde a la cantidad de materia que tiene un cuerpo por unidad de volumen:

D = m / V

La unidad de masa en el SI es el **kg/m^3,** aunque es muy utilizada también el **g/cm^3.**

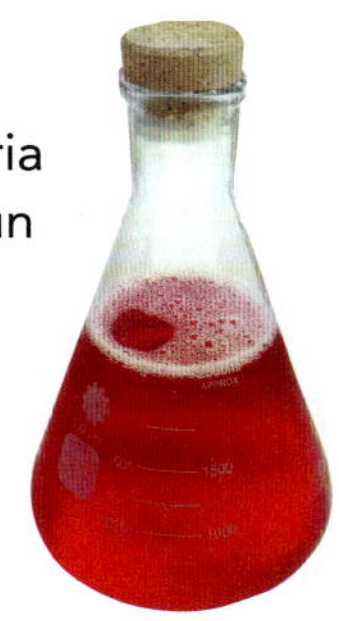

Factores de conversión

Un factor de conversión es una fracción en la que el numerador y el denominador son equivalentes, por lo que su valor es 1, y están expresados en diferentes unidades de una misma magnitud. Al multiplicar una medida expresada en una determinada unidad por un factor de conversión adecuado podemos transformar esa medida en otra unidad sin que cambie el valor de la misma.

Ejemplo: Una pieza metálica tiene un masa de 185 g. ¿Cuál es su masa expresada en kg?

El factor de conversión útil en este caso es $\frac{1\ \text{kg}}{1\ 000\ \text{g}}$

La masa en kg será:

$$\text{Masa} = 185\ \text{g} \times \frac{1\ \text{kg}}{1\ 000\ \text{g}} = 0{,}185\ \text{kg}$$

Ejercicio resuelto

¿Cómo se transforma una unidad de densidad en otra?

La densidad del plomo es de 11,35 g/cm^3. ¿Cuál es su densidad en kg/m^3?

Para ello utilizaremos los factores de conversión que necesitamos:

$$11{,}35 \times \frac{\text{g}}{\text{cm}^3} \times \frac{1\ \text{kg}}{1\ 000\ \text{g}} \times \frac{1\ 000\ 000\ \text{cm}^3}{1\ \text{m}^3}$$

$$= 11\ 350\ \frac{\text{kg}}{\text{m}^3}$$

COMPETENCIAS PESO Y DENSIDAD

1. La gráfica muestra la variación en la densidad del agua en relación con la temperatura.

a) Describe la gráfica.

b) ¿A qué temperatura alcanza el agua su densidad máxima?

c) ¿A qué se deben los cambios en la densidad, a que se modifica la masa o el volumen?

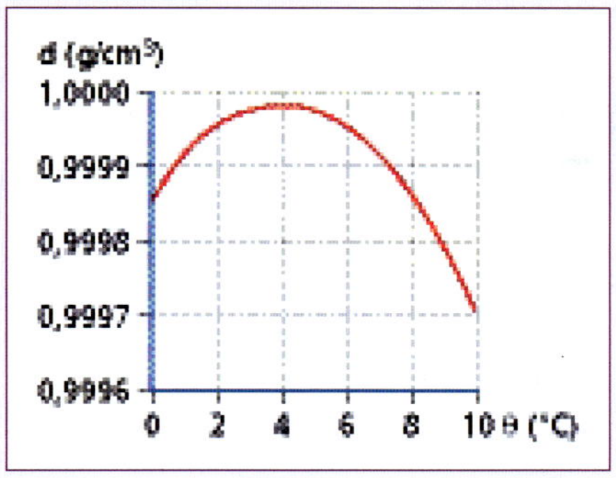

2. Una empresa vende tuercas metálicas en cajas de 100 unidades. Cada tuerca tiene una masa de 39 g y un volumen de 5 cm^3.

a) Describe cómo se puede haber conocido el volumen de la tuerca.

b) Calcula su densidad y exprésala en unidades del Sistema Internacional.

c) ¿Cuál será la masa aproximada de cada caja?

d) ¿Puedes predecir también el volumen de cada caja? Razona la respuesta.

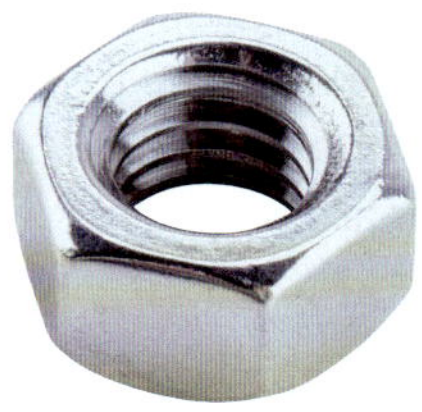

3. En una empresa vitivinícola se envasaron 350 000 botellas de vino, cuya densidad es de 990 mg/cm^3. La masa de cada botella es de 400 g (incluido el tapón y el etiquetado) y el sistema automatizado de envasado pone un volumen de 750 cm^3 en cada botella, lo que equivale al 95 % de su capacidad.

a) Expresa la capacidad de las botellas en centilitros.

b) ¿Cuál es el volumen total de vino producido por la empresa?

c) ¿Qué masa de vino contiene cada botella?

d) ¿Cuánto pesa una caja de seis botellas de vino si el embalaje de cartón tiene una masa de 40 g?

Densidad y flotabilidad

Iceberg

La flotabilidad de un cuerpo es la capacidad que tiene de mantenerse dentro de un fluido. Depende de las fuerzas que actúan sobre el mismo, que son el peso del cuerpo, hacia abajo, y el empuje que experimenta hacia arriba, que, según el principio de Arquímedes, equivale al peso del fluido desalojado por el cuerpo. Si el peso es mayor que el empuje, el cuerpo se hunde; si es menor, flota, y si son equivalentes, se mantiene suspendido en el fluido.

Por esta razón, un cuerpo cuya densidad media sea menor que la del agua, flotará en el agua, mientras que si es mayor se hundirá.

a) ¿Qué temperatura podemos esperar que tenga el agua en el fondo de los océanos?

b) ¿Cuál es la causa de que el hielo flote?

c) ¿Por qué flota un barco de acero?

@ Amplía en la Red...

Para saber más sobre masa, peso y densidad, entra en: www.tiching.com/000000

1. ¿Qué diferencia hay entre masa y peso?

2. La gravedad en la Luna es aproximadamente seis veces menor que en la Tierra. ¿Qué vería en la báscula un astronauta de 90 kg que se pesase en la Luna?

3. ¿Qué densidad tiene un fragmento de roca cuyo volumen es de 0,025 dm^3 y su masa es de 87,5 g?

4. Un objeto de 3,54 dm^3 de volumen se hunde en el agua del mar Muerto (densidad = 1 240 kg/m^3). ¿Qué predicción podrías hacer sobre su masa?

4 Sustancias puras y mezclas

La materia se puede presentar en la naturaleza formando **sustancias puras** y **mezclas.**

Sustancias puras

Una **sustancia pura** o **sustancia química** tiene una composición fija, ya que está formada por un único tipo de sustancia. Las sustancias puras son homogéneas, excepto cuando cambian de estado, y tienen unas propiedades físicas y químicas características e invariables en cualquier muestra de las mismas. Las sustancias puras pueden ser de dos tipos:

- **Elementos.** No se pueden descomponer en otras sustancias más simples, como ocurre con el hierro, el oxígeno o el azufre.
- **Compuestos.** Pueden descomponerse en sustancias más simples, ya que presentan distintos elementos en su composición. El agua, por ejemplo, está formada por oxígeno e hidrógeno.

Mezclas

Una **mezcla** está formada por dos o más sustancias puras, que son sus **componentes** y que conservan su propia composición y sus propiedades, como son la densidad y el punto de fusión o el de ebullición. Por esta razón, dos mezclas que tengan composiciones diferentes, también tendrán propiedades diferentes. El agua marina, el aire o un sistema formado por agua y aceite son ejemplos de mezclas.

Cada una de las partes homogéneas presentes en un sistema químico recibe el nombre de **fase.** Hay dos tipos de mezclas: **homogéneas** y **heterogéneas.**

Mezcla de dos sustancias puras

El **hierro (Fe)** y el **azufre (S)** son dos sustancias puras, dos elementos químicos diferentes.

Si ambos elementos se mezclan dan lugar a una mezcla heterogénea en la que cada sustancia mantiene sus propiedades.

¿Cómo podríamos separar ambos elementos de nuevo?

Tipos de mezclas

Homogéneas o disoluciones

Presentan una sola fase y tienen la misma composición en cualquiera de sus partes, por lo que no se pueden distinguir sus componentes. Las aleaciones de metales, la leche o el agua marina son ejemplos de mezclas homogéneas.

Cualquier muestra de una disolución, sea líquida, sólida o gaseosa, tiene la misma composición y las mismas propiedades. En la mayor parte de este tipo de mezclas hay una cantidad máxima de soluto que puede ser disuelta en el disolvente y que se conoce como **solubilidad**.

Heterogéneas

Presentan más de una fase y su composición cambia de unas partes a otras. Sus componentes se pueden distinguir, como ocurre en una mezcla de aceite y agua o en una mezcla de arena y agua.

Al dividir una mezcla en fracciones cada vez más pequeñas, se termina por obtener muestras cuyas propiedades son diferentes, puesto que tienen distinta composición. No existen límites en cuanto a la proporción en la que se pueden mezclar los distintos componentes.

COMPETENCIAS TRABAJA CON MEZCLAS

Toma datos y haz las anotaciones que sean necesarias en tu cuaderno para resolver las actividades siguientes:

1. Se mezclan en un recipiente los componentes que se indican a continuación:

	Densidad
100 ml de arena	**2,60 g/cm^3**
200 g de agua	**1,00 g/cm^3**
40 dl de aceite	**0,90 g/cm^3**

a) ¿De qué tipo de mezcla se trata? ¿Cuántas fases se distinguen en esta mezcla?

b) Calcula el volumen, la masa total y la densidad de la mezcla.

c) ¿Cómo se distribuyen los componentes de la mezcla en el recipiente? ¿Qué relación tiene esta distribución con su densidad?

d) ¿Qué conclusiones se pueden extraer de esta experiencia?

2. Un joyero fundió por separado el oro y la plata que tenía, e hizo cuatro lingotes cuyo volumen es de 250 cm^3. Uno de los lingotes es de oro, otro de plata y los otros dos son dos mezclas homogéneas diferentes, de las que no recuerda la proporción que utilizó de ambos metales. Al terminar, pesó los cuatro lingotes y obtuvo el resultado siguiente:

Lingote A	**3 900 g de oro**
Lingote B	**2 625 g de plata**
Lingote C	**3 390 g (mezcla de oro y plata)**
Lingote D	**3 033 g (mezcla de oro y plata)**

a) Calcula la densidad del oro y de la plata que utilizó el joyero.

b) Calcula la cantidad (masa y volumen) de oro y de plata que tienen tanto el lingote C como el D y la densidad de ambos.

c) Dibuja un histograma con el fin de representar y comparar la composición de los cuatro lingotes expresada en porcentaje (%) de volumen de oro y plata.

Representaciones gráficas

Un **histograma** es una gráfica de barras que permite comparar con facilidad los datos obtenidos en un trabajo. En la tabla siguiente se indica la composición química del aire inspirado y del aire espirado, dos mezclas gaseosas, expresadas en % del volumen de los gases más significativos.

	Aire inspirado	Aire espirado
Oxígeno (O_2)	**21**	**15**
Nitrógeno (N_2)	**78**	**74**
Dióxido de carbono (CO_2)	**0,04**	**4**
Vapor de agua (H_2O)	**0,75**	**6,2**

Para hacer el histograma representamos el porcentaje de cada gas mediante una barra o columna cuyo tamaño es proporcional a dicho porcentaje. Para distinguir las dos mezclas que se están comparando se utilizan colores o texturas diferentes que se deben indicar en la propia gráfica.

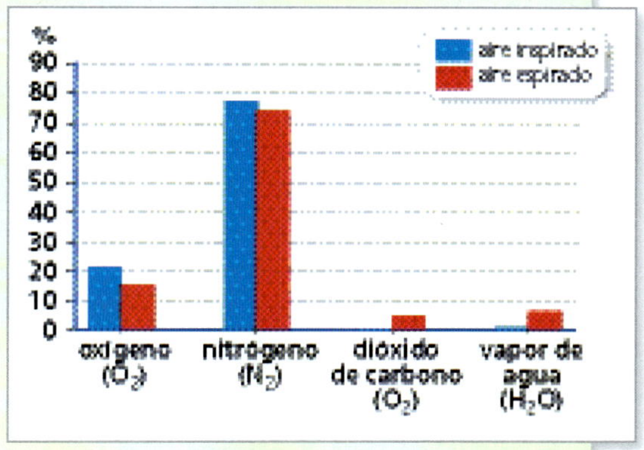

@ Amplía en la Red...

Para saber más sobre las mezclas homogéneas y heterogéneas, entra en: www.tiching.com/000000

1. ¿Qué es una sustancia química? ¿Qué tipos existen?

2. ¿Qué es una mezcla homogénea? ¿Qué es la solubilidad?

3. ¿Qué es una mezcla heterogénea? ¿Y una fase?

4. Indica si las sustancias siguientes son puras, mezclas homogéneas o mezclas heterogéneas: bronce; granito; aire; nitrógeno; agua marina; vino; agua mineral con gas; caldo de carne; humo del escape de un coche.

5 Técnicas de separación de mezclas (I)

La separación de las sustancias químicas que forman parte de una mezcla puede hacerse por métodos físicos. Ello es así gracias a que dichas sustancias presentan diferentes propiedades físicas, como la densidad, la solubilidad o la temperatura de ebullición. Las técnicas más utilizadas son muy diversas y difieren entre las mezclas heterogéneas y las homogéneas:

Separación de mezclas heterogéneas

Filtración

Permite separar un sólido insoluble de un líquido que forman parte de una mezcla heterogénea. Para ello se utilizan filtros de papel u otros materiales que retienen el **residuo** sólido y permiten el paso del líquido o **filtrado.**

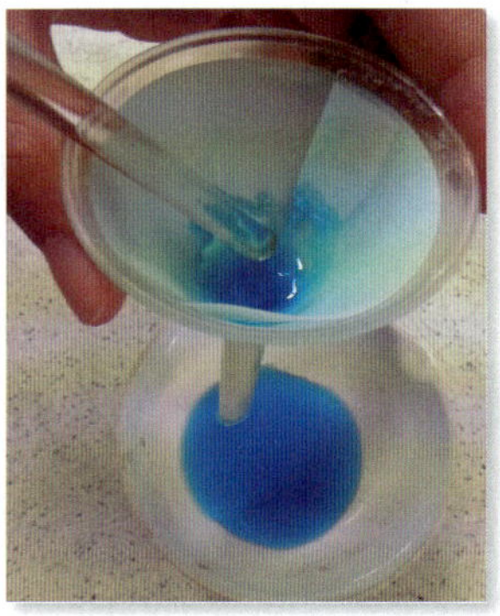

Tamización

Permite separar mezclas de sólidos formados por partículas de diferente tamaño. Para ello se utilizan tamices o coladores de un tamaño de malla adecuado al de las partículas que se quieren separar.

Separación magnética

Sirve para separar dos sólidos, de los cuales uno debe ser atraído por un campo magnético, como ocurre con los minerales ferrosos, y el otro no. Mediante el uso de un imán se puede separar una mezcla de hierro y azufre o de hierro y arena, por ejemplo.

Centrifugación

Se basa en la diferencia de densidad y permite separar un sólido de un líquido en el que está en suspensión. Para ello se introduce en un tubo que se coloca en una centrifugadora, donde gira a gran velocidad, lo que produce un efecto semejante al aumento de la gravedad.

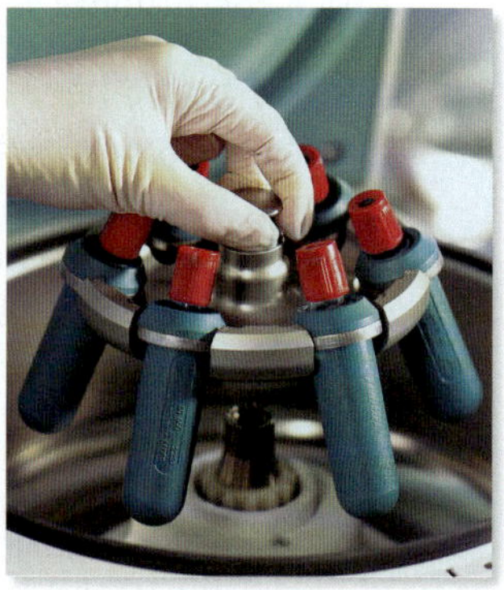

Decantación y flotación

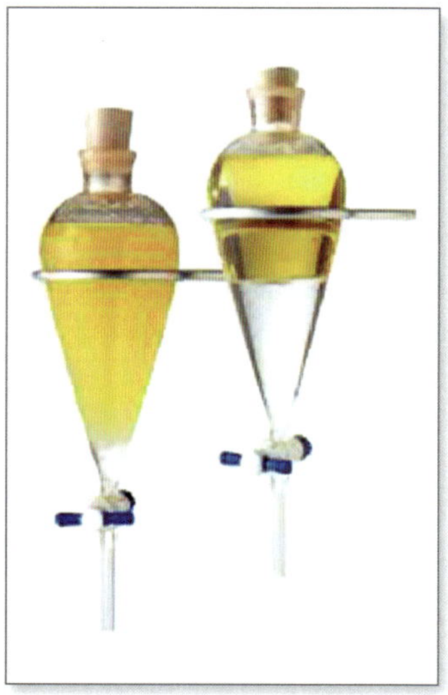

Se basa en la diferencia de densidad y permite separar dos líquidos inmiscibles mediante el uso de un **embudo de decantación.**

También se usa para separar un sólido insoluble de un líquido. Si el sólido es menos denso que el líquido, se separa de la superficie por **flotación.** Si el sólido es más denso, se separa el líquido.

Extracción

Se basa en la diferencia de solubilidad y es útil para separar un sólido insoluble de otro que no lo es, en una mezcla. Se añade agua a la mezcla, se disuelve el sólido soluble y se extrae el insoluble por filtración.

También sirve para separar una sustancia disuelta en un líquido junto con otras. Para ello se añade otro líquido inmiscible en el que solo esa sustancia sea soluble, lo que hace que se disuelva en él y pueda ser extraída.

En proceso

COMPETENCIAS CÓMO SEPARAR MEZCLAS HETEROGÉNEAS

1. En una gravera obtienen áridos para la construcción y los separan y clasifican según los tamaños de las partículas más demandado por sus clientes, desechando el resto, en el que se incluyen partículas muy finas de arcilla y limos.

   Los tamaños más demandados son los siguientes:

   - Piedras de más de 50 mm
   - Grava gruesa, de 10 a 20 mm
   - Grava fina, de 3 a 5 mm
   - Arena gruesa, de 0,2 a 2 mm
   - Arena fina, de 0,05 a 0,2 mm

   a) ¿Qué método de separación es el más adecuado?

   b) Describe el proceso e indica los materiales e instrumentos necesarios para llevarlo a cabo.

2. Indica qué métodos de separación serían los más útiles para separar las mezclas que se indican a continuación y explícalos en cada caso brevemente:

   a) Mezcla de chatarra y escombros de edificios.

   b) Mancha de petróleo en el mar.

   c) Pepitas de oro y sedimentos fluviales.

   d) Separación de los posos presentes en una bebida.

   e) Células sanguíneas en una muestra de sangre.

   f) Mezcla de azúcar con polvo de vidrio de un envase roto.

3. Indica qué métodos de separación utilizarías y en qué orden para separar todos los componentes de la siguiente mezcla:

   - Arena silícea
   - Aceite
   - Limaduras de hierro
   - Grava fina
   - Agua del grifo

4. Una persona está preparando café con una cafetera que usa filtros de papel desechables:

   a) Explica los procesos que lleva a cabo desde el punto de vista de la separación de mezclas.

Esmog: el aire contaminado

La presencia en el aire de partículas en suspensión es una de las formas de contaminación atmosférica más preocupantes en la actualidad. El origen de estas partículas es múltiple: obras públicas, escapes de vehículos diesel, erosión, etc.

El resultado es la formación de una mezcla de gases y aerosoles (partículas sólidas, gotitas de agua e hidrocarburos), que forman el **esmog**, cuyos efectos son muy perjudiciales para todos los seres vivos.

Imagen de Barcelona durante la inversión térmica de diciembre de 2009.

@ Amplía en la Red...

Para saber más sobre la separación de mezclas heterogéneas, entra en: www.tiching.com/000000

1. ¿Qué es la decantación? ¿En qué principio se basa esta técnica?
2. ¿En qué consiste la centrifugación? ¿Para qué es útil? ¿Cómo se realiza?
3. ¿Qué es la separación magnética? ¿Para qué es útil?
4. ¿En qué principio se basa la extracción? ¿Para qué se puede utilizar?

6 Técnicas de separación de mezclas (II)

Separación de mezclas homogéneas

La separación de los componentes de las mezclas homogéneas se lleva a cabo mediante diferentes técnicas que son muy utilizadas en distintas actividades científicas e industriales. Entre las más importantes están la evaporación, la cristalización, la cromatografía y la destilación.

Separación de mezclas homogéneas

Evaporación y cristalización

La **evaporación** es de gran utilidad para separar un sólido disuelto. Se fundamenta en la diferencia de volatilidad entre el sólido y el disolvente y se puede hacer sin aumento de temperatura, como es la práctica habitual en las salinas, de las que se obtiene sal del agua marina, o bien calentando la disolución en un recipiente hasta la evaporación.

La **cristalización** es un método específico para separar una sustancia sólida de otras, que se basa en la diferencia de solubilidad que presentan en relación con la temperatura. Para separar nitrato potásico (KNO_3) que está mezclado con cloruro sódico ($NaCl$), por ejemplo, se disuelve la mezcla en agua caliente y se deja enfriar lentamente.

El nitrato potásico cristaliza antes porque su solubilidad desciende mucho más deprisa que la del cloruro sódico, y así se pueden separar sus cristales de la disolución.

Extracción de sal por evaporación.

Cromatografía

La cromatografía se basa en la distribución de los componentes de una mezcla entre dos fases inmiscibles, una **estacionaria** y otra **móvil.** La fase móvil es un líquido o un gas en el que se encuentran disueltos los componentes que se quiere separar, mientras que la fase fija es una columna o una superficie sólida, como puede ser un papel. Los componentes de la mezcla que no sean apenas retenidos por la fase estacionaria se moverán con mayor rapidez y así se produce la separación de los componentes.

Cromatografía sobre papel, aplicada a la separación de pigmentos fotosintéticos.

Destilación

La destilación se basa en la diferencia entre los puntos de ebullición de las sustancias que forman una mezcla para conseguir su separación. El proceso consiste en calentar el líquido que contiene la mezcla por encima del punto de ebullición del líquido que se quiere separar, y enfriarlo después para conseguir su condensación. Hay dos tipos:

- **Destilación simple:** es útil para separar un líquido de los sólidos que tiene disueltos, por ejemplo para obtener agua dulce a partir de agua salada, o para separar líquidos con puntos de ebullición muy diferentes.
- **Destilación fraccionada:** permite separar líquidos aunque su punto de ebullición sea parecido, y se hace en una serie de etapas de evaporaciones y condensaciones que permiten separar el componente que tiene el punto de ebullición más bajo (más volátil) y después los demás por orden de volatilidad.

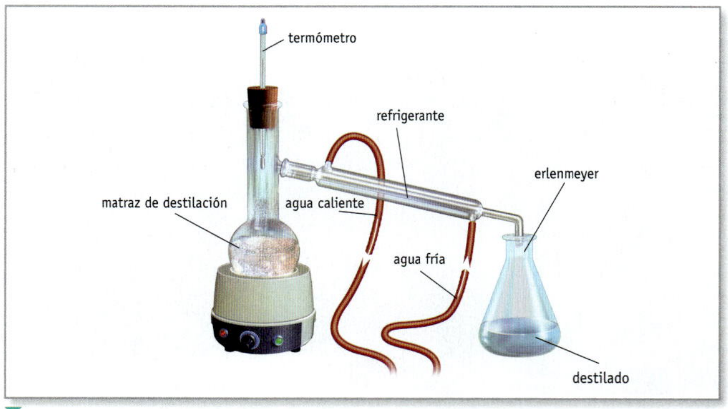

Destilación simple.

COMPETENCIAS CÓMO SEPARAR MEZCLAS HOMOGÉNEAS

1. Una estudiante prepara una mezcla acuosa (A) de hidróxido de bario $Ba(OH)_2$, una sustancia soluble en agua, y sopla a través de la disolución, lo que da lugar a la formación de carbonato de bario $BaCO_3$, por reacción entre el hidróxido de bario y el dióxido de carbono CO_2, presente en el aire espirado.

El carbonato de bario, conocido también como witherita, es una sustancia insoluble en agua, por lo que forma una mezcla (B) de un color blanquecino, de la que precipita al cabo de cierto tiempo.

a) ¿Qué tipo de mezcla es A?

b) ¿Qué método utilizarías para separar los componentes de A?

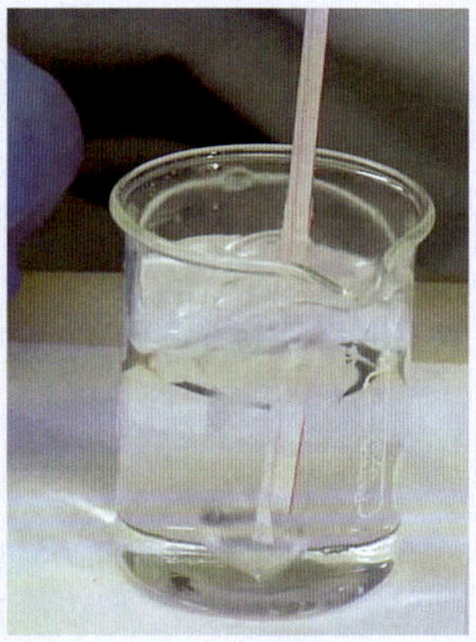

c) ¿La reacción con el CO_2 es un cambio físico o un cambio químico?

d) ¿Qué tipo de mezcla es B?

e) ¿Qué método utilizarías para separar los componentes de B?

2. La representación gráfica de la derecha muestra cómo varía la solubilidad de diferentes sales en función de la temperatura (curvas de solubilidad).

a) ¿En cuál de las sales se observa que la variación de la temperatura tiene un efecto distinto a las demás?

b) ¿Qué sal experimenta menos cambios en la solubilidad con el cambio de temperatura?

c) ¿Qué métodos físicos de separación podrías utilizar para separar el cloruro de potasio (KCl) del agua en una disolución de esa sal.

3. En un laboratorio tienen dos mezclas, A y B:

A. NaCl y $Ce_2(SO_4)_3$ B. KCl y $K_2Cr_2O_7$

a) ¿Qué tipo de mezclas forman las sales solubles?

b) ¿Qué método usarías para separar las dos sales de la mezcla A? Describe cómo lo harías.

c) Haz lo mismo en el caso de la mezcla B.

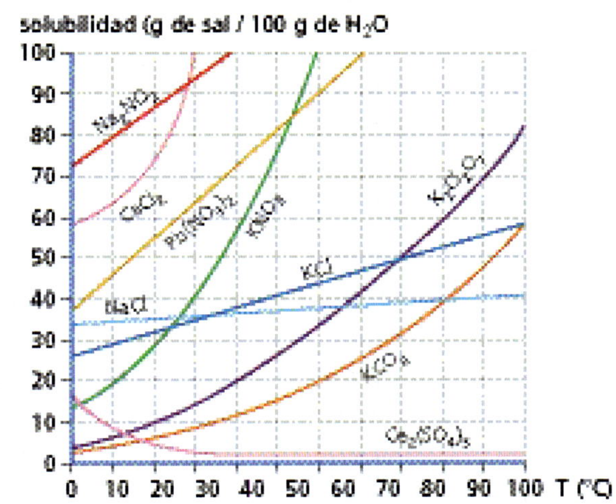

Destilación: el bioetanol

El bioetanol es un combustible que se obtiene mediante la fermentación de azúcares de diferentes tipos de plantas y se enriquece hasta la concentración deseada por medio de la destilación. Una ventaja que tiene sobre los combustibles fósiles es que el CO_2 producido en su combustión es fijado durante el crecimiento de los cultivos.

@ Amplía en la Red...

Para saber más sobre separación de mezclas homogéneas, entra en:
www.tiching.com/000000

---

1. ¿En qué principio se basa el método de cristalización? ¿Para qué es útil?

2. ¿En qué consiste el método de separación por evaporación? Explícalo brevemente.

3. ¿Qué es la cromatografía? ¿A qué se llama fase estacionaria? ¿Y fase móvil?

4. ¿Qué es la destilación simple? ¿Y la destilación fraccionada?

CIENCIA Y SOCIEDAD

7 Las magnitudes y las mezclas

El conocimiento de las propiedades de la materia y su medición son imprescindibles para la vida de los seres humanos, una especie que utiliza recursos materiales y energéticos que ninguna otra especie necesita.

La materia puede estar formada por sustancias puras y por mezclas de las mismas, y las propiedades que poseen, así como los métodos de separación de las mezclas, tienen una gran trascendencia en la actividad cotidiana de las personas.

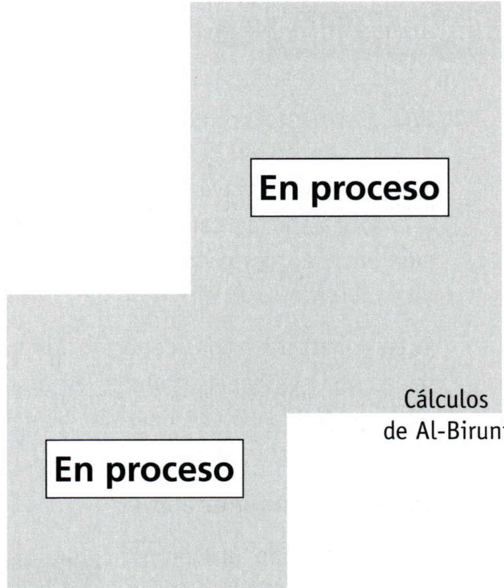

Cálculos de Al-Biruni

A LA MEDIDA DE LA TIERRA

Eratóstenes (276-194 a.C.) hizo el primer cálculo aproximado del radio de la Tierra mediante el estudio de la diferencia en la incidencia de los rayos del Sol, a la misma hora, en dos ciudades egipcias (Alejandría y Asuán) situadas en distintas latitudes.

Otro experimento muy ingenioso fue llevado a cabo en el siglo XI por Al-Biruni, cuyo resultado fue parecido al que conocemos actualmente.

En los siglos XVIII y XIX se organizaron expediciones para medir el arco del meridiano terrestre en distintas regiones de la Tierra, lo que llevó a demostrar que la forma de la Tierra es la de un elipsoide de revolución y a dar los datos más fiables de sus dimensiones, que actualmente se miden con total exactitud mediante el uso de satélites.

B LA MEDIDA DEL TIEMPO

La medida del tiempo ha sido una de las preocupaciones de los seres humanos a lo largo de su historia. Desde la más remota antigüedad se comenzaron a diseñar instrumentos capaces de medir esta magnitud.

El **reloj de sol** fue probablemente el primer ingenio utilizado, seguido por las **clepsidras** o relojes de agua y por los **relojes de arena**.

El diseño de **relojes mecánicos** de movimiento rotatorio impulsado por pesas o por muelles fue posible gracias a múltiples colaboraciones, como la de Leonardo da Vinci o Galileo, en quien se basó Huygens para construir el primer reloj de péndulo.

Durante el siglo XX se desarrollaron el **reloj de cuarzo** y otras tecnologías que permiten medir el tiempo con una precisión casi absoluta, como el **reloj atómico**, basado en las propiedades físicas de las fuentes de emisión de cesio.

B EL DESCUBRIMIENTO DEL OXÍGENO

En 1775, Joseph Priestley descubrió que un gas liberado en uno de sus experimentos permitía la respiración de un pequeño ratón en un espacio reducido y que avivaba la llama de una vela. Llegó a la conclusión de que dicho gas, imprescindible para la respiración de los animales, es el responsable de la combustión.

Fue Antoine Lavoisier quien, tras repetir los experimentos de Priestley, llegó a la conclusión de que aquel gas, al que llamó oxígeno, formaba un 20 % de la atmósfera, o sea era uno de los componentes de la mezcla de gases que es el aire.

C UNA CORONA DE LEYENDA

Cuenta una leyenda que el rey Hierón II de Siracusa, en la Magna Grecia, entregó un lingote de oro puro a un orfebre con el encargo de que le hiciese una corona. El orfebre hizo una corona que pesaba exactamente lo mismo que el lingote. Sin embargo, el rey tenía dudas sobre si la corona estaría hecha totalmente de oro o si el orfebre habría mezclado el oro con algún otro metal de menor valor, como la plata.

Hizo llamar a Arquímedes y le pidió ayuda para resolver el problema, aunque no le autorizó a fundir la corona. Arquímedes no sabía cómo resolver aquel problema, y se dice que iba a tomar un baño cuando reparó en que al sumergir su cuerpo en el agua, el nivel de esta se elevaba en un volumen igual al de la parte de su cuerpo sumergida en el agua.

Este hecho le daría la idea que necesitaba para medir el volumen de la corona. Lo hizo y lo comparó con el volumen de un lingote de oro, y comprobó que tenían distinto volumen, por lo que dedujo que la corona no estaba hecha solo de oro, sino de algún tipo de mezcla.

D AMALGAMAS DE ORO

Una amalgama es una mezcla de mercurio con otro metal, y una de las técnicas utilizadas para extraer el oro que está en forma de partículas muy pequeñas es el amalgamamiento.

Este proceso consiste en añadir mercurio en exceso a la batea o el depósito en el que están dichas partículas.

El mercurio se une con el oro y forma una amalgama que es retirada para extraer después el oro de la mezcla, un proceso que puede dar lugar a la liberación de mercurio al medio ambiente.

E LAS AGUAS RESIDUALES

Las aguas residuales están formadas por una mezcla heterogénea en la que se encuentran sustancias disueltas, partículas sólidas inorgánicas de diferentes tamaños y composición, microorganismos, sólidos orgánicos, materia en suspensión o flotación, aceites, hidrocarburos, etc. Estas aguas se originan como resultado de su uso doméstico y urbano, industrial, agrícola y minero.

1. Busca información sobre los métodos utilizados por la geodesia para conocer y representar la forma y las dimensiones de la Tierra.
2. Busca información sobre el descubrimiento del nitrógeno. ¿Qué importancia tienen los hallazgos científicos de esta naturaleza?
3. ¿Por qué puede ayudar el conocimiento del volumen de un objeto, como la corona del rey Hierón II, a conocer su composición?
4. ¿Qué métodos físicos de separación de mezclas pueden ser de utilidad para eliminar las sustancias presentes en las aguas residuales?

APRENDE A... SEPARAR UNA MEZCLA MEDIANTE CROMATOGRAFÍA

La cromatografía es un método físico de separación de mezclas que se basa en las diferencias que presentan los componentes de una mezcla, arrastrados por un disolvente, que es la fase móvil, al desplazarse sobre una fase estacionaria como puede ser un trozo de papel. Esas diferencias se deben a la mayor o menor afinidad que cada componente tiene por una y otra fase. Hay distintos tipos de cromatografía, según la naturaleza de la fase estacionaria y de la fase móvil: sólido-líquido, líquido-líquido, líquido-gas, sólido-gas.

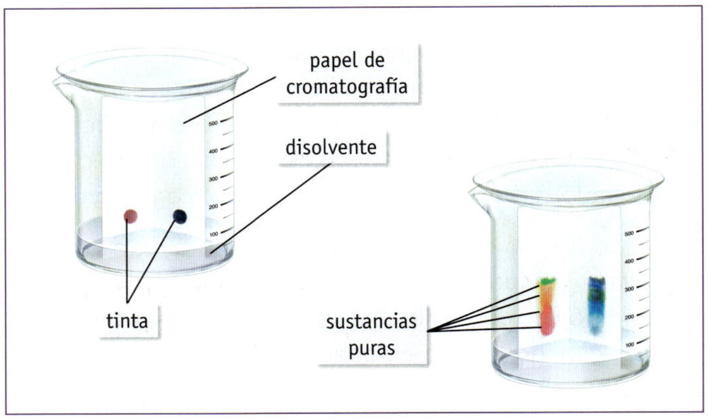

1. Planteamiento

- Existen diferentes tipos de tintas que se utilizan en plumas, bolígrafos y rotuladores. Estas tintas suelen ser solubles en agua o en alcohol y presentan componentes diferentes, de tal forma que se pueden separar mediante una técnica de cromatografía para un análisis posterior si fuese necesario.

2. Material

- Alcohol de 96° y agua
- Papel de cromatografía o papel de filtro
- Tijeras, varillas de vidrio, clips
- Rotuladores de diferentes tipos y colores
- Vasos de precipitado
- Cámara fotográfica

3. Procedimiento

- Recorta una tira del papel de unos 4 cm de ancho y que sea un poco mas larga que la altura del vaso.
- Dibuja una línea con un rotulador negro a unos 2 cm del borde inferior de la tira de papel.
- Enrolla el extremo del papel en una varilla de vidrio o un bolígrafo y sujétalo con un clip. El extremo del papel debe llegar casi al fondo del vaso.
- Añade alcohol en el vaso hasta una altura de 1 cm desde el fondo.
- Coloca la tira de papel dentro del vaso de tal manera que el extremo quede sumergido en el alcohol. La mancha debe quedar fuera del alcohol. Cubre el vaso con papel para evitar la evaporación del alcohol.
- Déjalo así durante varios minutos para que el alcohol ascienda y arrastre los componentes de la tinta.
- Observa lo que ocurre, toma una fotografía de la tira de papel y anota los resultados.
- Repite el procedimiento con rotuladores de diferentes colores y agua en lugar de alcohol como fase móvil.

4. Resultados

- A medida que la fase móvil va ascendiendo a lo largo del papel, arrastra consigo los componentes de distintos colores que contiene la tinta y lo hace a velocidades diferentes para dar lugar a una serie de franjas de colores. La velocidad a la que se mueve cada componente depende de su composición, que le proporciona una mayor o menor afinidad por cada una de las fases.

Cromatografía en papel de distintos tipos de tintas.

5. Análisis de los resultados y conclusiones

a) ¿Cuál será la razón por la que algunas tintas sean solubles en agua y otras lo sean en disolventes orgánicos como el alcohol?

b) ¿Por qué se utiliza papel como fase estacionaria? ¿Por qué ascienden el alcohol y el agua por la tira de papel?

c) ¿Por qué unos componentes de la tinta se separan más que otros del punto de "salida"?

d) ¿Crees que podría utilizarse esta técnica para determinar con qué bolígrafo, entre dos o tres posibles, se escribió una nota?

1 Identifica cuestiones científicas. Filtración y potabilización del agua

Uno de los métodos utilizados en la potabilización del agua es la filtración. Existen muchos tipos de filtros que permiten separar del agua las partículas que contiene, incluyendo a los microorganismos, e incluso hay filtros que pueden eliminar elementos tóxicos por absorción. La eliminación de algunas sustancias disueltas es más difícil y requiere de técnicas físico-químicas más complejas.

Identifica, en la siguiente lista, las cuestiones científicas que se puedan investigar sobre este tema:

1. El agua potable debe carecer de elementos tóxicos.
2. El hierro presente en el agua se puede eliminar por oxidación y precipitación.
3. El arsénico presente en algunas aguas puede ser eliminado mediante filtros especiales.
4. Los metales pesados pueden hacer inservible el agua para su consumo.

2 Formula hipótesis. El hierro y el acero

El acero es una mezcla homogénea de hierro (Fe) con una proporción de carbono (C), que generalmente oscila entre el 0,3 y el 2 %. Esto le da unas propiedades físicas diferentes, es más duro, resistente y elástico que el hierro. El acero inoxidable está formado por hierro con un porcentaje de cromo (Cr) de entre el 10 y el 12 %, aunque puede tener también níquel y molibdeno.

Identifica cuáles de las afirmaciones siguientes son hipótesis. Justifica tu respuesta:

1. Cuanto más carbono tenga el acero, más resistente es.
2. Al fundir el acero, el carbono se separa del hierro.
3. El acero inoxidable es una aleación metálica.
4. El acero tiene más elasticidad que el hierro.

3 Diseña un experimento. Separación de una mezcla de dos sólidos por extracción

El agua y el tetracloruro de carbono son dos líquidos inmiscibles. El yodo molecular (I_2) es una sustancia sólida de color negro violeta, insoluble en agua y soluble en tetracloruro de carbono, mientras que el cloruro sódico (NaCl) es un sólido blanco, soluble en agua e insoluble en tetracloruro de carbono.

1. Enuncia una hipótesis

Una mezcla de yodo y cloruro sódico sólidos puede separarse mediante los métodos de extracción y decantación.

2. Materiales necesarios
   - Agua
   - Tetracloruro de carbono (CCl_4)
   - Yodo (I_2)
   - Cloruro sódico (NaCl)
   - Embudo de decantación
   - Matraces y vasos de precipitado

3. Diseña el experimento

Diseña un experimento que permita separar una mezcla de dos sólidos (yodo y cloruro sódico) por el método de extracción.

Imágenes de dos de los pasos del procedimiento.

4. Analiza e interpreta los resultados

Recoge los datos y elabora un informe detallado de los pasos seguidos en el procedimiento.

5. Extrae conclusiones

a) ¿Es necesario algún otro método, además de los de extracción y decantación, para recuperar los dos sólidos de la mezcla inicial?

b) ¿Cuál es el fundamento del método empleado?

c) ¿Se ha cumplido la hipótesis propuesta?

4 Analiza la tabla. La salinidad de los océanos

El agua del mar es una mezcla de muchas sustancias puras diferentes, modificada constantemente por el aporte de las aguas continentales, la evaporación y la acción de los seres vivos. En el mapa se representa la salinidad media en la superficie de los océanos del mundo. La tabla adjunta recoge la cantidad de distintas sustancias presentes en una muestra de agua marina, expresadas en gramos por litro (g/l).

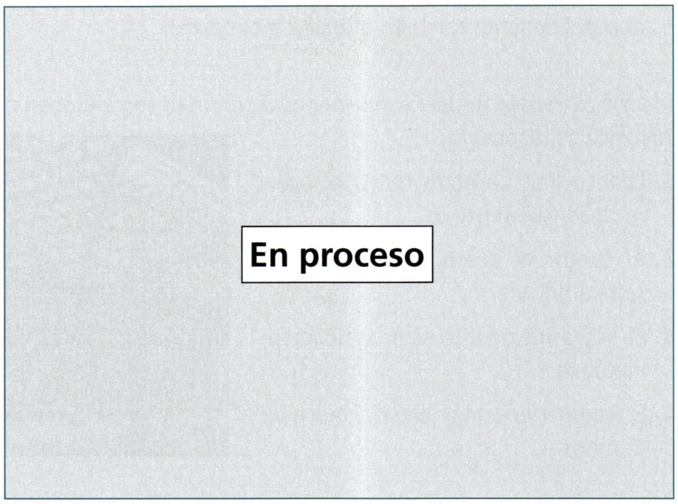

Componente	Masa en g
Cloruro de sodio ($NaCl$)	24
Cloruro de magnesio ($MgCl$)	5
Sulfato de sodio (Na_2SO_4)	4
Cloruro de calcio ($CaCl_2$)	1,1
Cloruro de potasio (KCl)	0,7
Hidrogenocarbonato de sodio ($NaHCO_3$)	0,2
Bromuro de sodio ($NaBr$)	0,096
Ácido bórico (H_3BO_3)	0,026
Cloruro de estroncio ($SrCl_2$)	0,024
Fluoruro de sodio (NaF)	0,003

1. Indica cuál es la concentración total de sales de la muestra expresada en g/litro.
2. Elabora una gráfica de barras para representar los datos recogidos en la tabla (una barra para cada componente).
3. ¿Con cuál de los colores representados en el mapa se podría identificar esa muestra?

5 Interpreta el esquema

El esquema representa una columna de destilación fraccionada de petróleo, en la que se separan sus componentes a distintas franjas de temperatura.

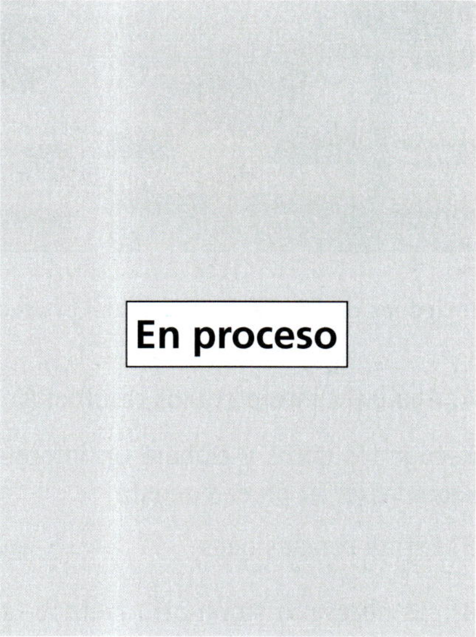

a) ¿Cuál es el fundamento de este método de separación de mezclas?

b) ¿Qué componente del petróleo se obtendrá en primer lugar?

c) ¿A qué temperatura media se separa el gasóleo? ¿Y la gasolina?

6 Analiza un texto

El uso de unidades de medida diferentes fue siempre un lastre para el comercio y la ciencia, y hubo varios intentos para establecer un sistema con validez internacional. La Asamblea Nacional surgida de la Revolución Francesa recuperó un proyecto anterior de Luis XVI encargado a Lavoisier y Lagrange, quienes pensaban que para que el sistema fuese útil debía utilizar múltiplos de 10, de ahí el nombre de Sistema Métrico Decimal que se le dio. Se adoptó el kilogramo como unidad de masa y el metro como unidad de longitud, equivalente a una diezmillonésima parte de la distancia entre el Polo Norte y el Ecuador, calculada sobre el meridiano que cruza París. En 1983, en la Conferencia Internacional de Pesas y Medidas, se redefinió el metro como la distancia recorrida por la luz en el vacío durante 1/299 792 458 de segundo.

a) Resume las ideas principales recogidas en el texto y ponle un título.

b) ¿Consideras útil que haya un sistema internacional de unidades de medida?

Las magnitudes y su medida

- Las magnitudes son propiedades de la materia que pueden ser medidas. Para ello se utilizan instrumentos que las comparan con las unidades de medida.
- La utilización del Sistema Internacional de medidas ha permitido homologar la medida de las magnitudes en la mayoría de los países.
- El cálculo de errores permite aumentar la precisión de las medidas.
- La masa es la cantidad de materia que tiene un cuerpo.
- Las representaciones gráficas facilitan la presentación de los resultados de un trabajo o experimento científico.

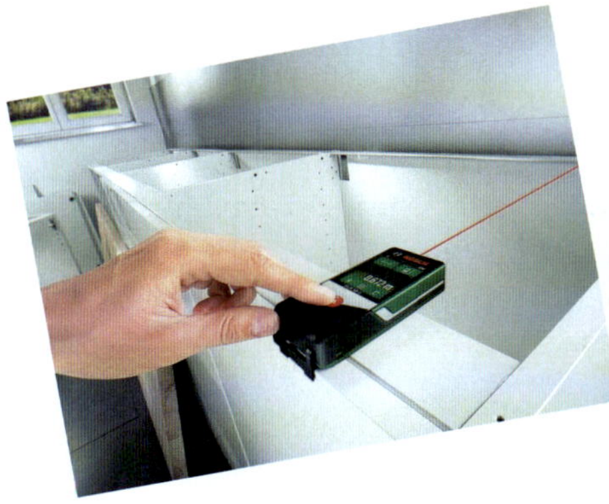

Sustancias puras y mezclas

- Las sustancias puras o sustancias químicas tienen una composición fija y unas propiedades físicas y químicas características e invariables en cualquier muestra.
- Las mezclas son combinaciones de dos o más sustancias puras, que son sus componentes, y pueden ser homogéneas y heterogéneas.

Separación de mezclas

- Los métodos físicos de separación permiten separar los componentes de una mezcla.
- Para separar mezclas heterogéneas se utilizan los métodos de filtración, tamización, separación magnética, centrifugación, decantación y extracción.
- Los métodos más utilizados para separar mezclas homogéneas son los de evaporación y cristalización, cromatografía y destilación.

1 CONSOLIDA LO APRENDIDO

a) ¿Qué es una propiedad cualitativa? ¿Y una propiedad cuantitativa?

b) ¿Cuál es la unidad de temperatura en el Sistema Internacional? ¿Y la unidad de tiempo?

c) ¿Qué diferencia hay entre volumen y capacidad? ¿Qué unidades se usan para medir esas magnitudes?

d) ¿Qué es el error absoluto? ¿Y el error relativo? ¿Cómo se calculan? ¿En qué unidades se expresan?

e) ¿Qué es la densidad? ¿Qué tipo de propiedad de la materia es?

f) ¿Qué es un factor de conversión? ¿Cuál utilizarías para transformar m^2 en dm^2?

g) ¿Qué es un elemento químico? ¿Es lo mismo un compuesto que una mezcla?

h) ¿Qué es una centrifugadora? ¿Para qué se utiliza?

i) ¿Qué método utilizarías para separar una mezcla de aceite y agua?

j) ¿Qué método sería el más adecuado para separar una mezcla de agua y alcohol?

k) ¿Cómo se pueden separar el cobre y el estaño que forman parte del bronce?

DEFINE CONCEPTOS CLAVE

- Magnitud
- Unidad de medida
- Longitud
- Volumen
- Masa
- Sustancia pura
- Mezcla
- Separación de mezclas

RESPONDE A LA PREGUNTA INICIAL

¿Qué técnicas se pueden utilizar para separar los componentes de una mezcla?

TÉCNICAS DE ESTUDIO: www.tiching.com/000000

Practica una técnica de estudio a partir de la síntesis.

3 DISOLUCIONES Y REACCIONES QUÍMICAS

¿Cómo se preparan las disoluciones? ¿Qué biomoléculas están presentes en los alimentos?

Las disoluciones son mezclas homogénenas en las que el disolvente y uno o varios solutos se unen de forma íntima para formar una sola fase.

En una reacción química, los reactivos se combinan para formar una nueva sustancia o producto, como sucede en el caso del magnesio y el oxígeno, que forman el óxido de magnesio.

Las sustancias químicas raramente están aisladas. Las disoluciones son mezclas homogéneas formadas por dos o más sustancias puras.

Las sustancias químicas pueden reaccionar para dar lugar a otras sustancias diferentes o productos y lo hacen de tal manera que la cantidad de materia permanece constante, lo cual nos permite estudiarlas y hacer predicciones sobre las cantidades de materia que se transforman y las que se producen.

Los alimentos contienen distintos tipos de biomoléculas que están presentes en proporciones diferentes, hasta tal punto que podríamos afirmar que no hay dos alimentos que tengan la misma composición y valor nutritivo.

¿Qué sabemos?

- ¿Qué son las sustancias puras y las mezclas?
- ¿Qué son las disoluciones?
- ¿Qué son los elementos químicos y los compuestos?
- ¿Qué son los nutrientes y a qué tipo de biomoléculas corresponden?

¿Qué aprenderemos?

- Cómo preparar distintos tipos de disoluciones.
- Cómo se mide la concentración de las disoluciones.
- Qué son las reacciones químicas y cómo se pueden hacer cálculos sobre reacciones químicas.
- Qué biomoléculas están presentes en distintos tipos de alimentos.

Los alimentos proceden de organismos vivos y están constituidos por biomoléculas cuyos elementos químicos o bioelementos se hallan combinados en diferentes proporciones.

1 Las disoluciones

Una **disolución** es una mezcla homogénea, formada por dos componentes: el **disolvente**, que es el que está en mayor proporción, y el **soluto**, que está en menor proporción.

La fase de la disolución presenta la misma fase que el disolvente y según sea esta fase, las disoluciones pueden ser sólidas, líquidas o gaseosas, como muestra la tabla:

Soluto	DISOLVENTE		
	Gas	Líquido	Sólido
Gas	Aire	O_2 en agua	H_2 en paladio
Líquido	Niebla	Alcohol en agua	Mercurio y oro
Sólido	Humo	NaCl en agua	Cobre-Níquel

La concentración de una disolución

La **concentración** de una disolución es la proporción que hay entre la cantidad de soluto y la cantidad de disolvente. Según su concentración las disoluciones pueden ser:

- **Diluidas.** La proporción de soluto es pequeña en relación con la cantidad de disolvente.
- **Concentradas.** La proporción de soluto es elevada.
- **Saturadas.** Contienen la máxima cantidad de soluto posible para la temperatura dada.

Hay varias formas de expresar la concentración de una disolución. Entre las más utilizadas están las siguientes:

- En **tanto por ciento**. Puede expresarse de diferentes maneras:
  - Número de g de soluto en 100 g de disolución (o disolvente).
  - Número de g de soluto en 100 ml de disolución (o disolvente).
- En **g de soluto por litro** de disolución (o disolvente).
- En **molaridad** o **concentración** en **cantidad de sustancia**, que es el número de **moles** de soluto que hay en un litro de disolución. Una disolución con una masa molar de 0,8 M tendrá 0,8 moles de soluto en un litro de disolución (0,8 mol dm^{-3}).

La **solubilidad** es la cantidad máxima de soluto que puede disolverse en un determinado disolvente y depende de factores como la temperatura:

- En la disolución de un sólido en un líquido, al sobrepasar el límite de solubilidad, la disolución se sobresatura y se produce la **precipitación** del soluto.
- En las disoluciones líquido-líquido no hay límite en la solubilidad si los líquidos son miscibles, ya que se pueden mezclar en cualquier proporción.
- La solubilidad de los gases en los líquidos disminuye generalmente con la temperatura.

Dispersiones coloidales

Las dispersiones coloidales son mezclas heterogéneas, formadas por una fase dispersante y una fase dispersa, que solo se pueden distinguir mediante el uso del microscopio. Al igual que ocurre con las disoluciones, tanto la fase dispersante como la fase dispersa pueden ser líquidas, sólidas o gaseosas. En las emulsiones, como la mayonesa, por ejemplo, ambas fases son líquidas. En muchas pinturas, la fase dispersante es líquida y la fase dispersa es sólida.

Moles y masa molar

Un **mol** es la unidad de **cantidad de materia** en el Sistema Internacional y contiene un número fijo de partículas (átomos o moléculas) que es de $6{,}022 \cdot 10^{23}$, independientemente de la sustancia que sea. Así, un mol de cloruro sódico o de agua contienen $6{,}022 \cdot 10^{23}$ moléculas.

La **masa molar (M)** es la masa, expresada en gramos, por mol, de una sustancia cualquiera: g · mol^{-1}. Para calcular la masa molar de una sustancia tenemos que saber su masa molecular y expresarla en gramos:

Ejemplo: ¿cuál es la masa molar del agua?

Una molécula de agua (H_2O) está formada por dos átomos de H y uno de O. La masa atómica del H es 1 y la del O es 16, por lo que la masa molecular del agua será:

$2 \cdot 1 + 1 \cdot 16 = 18$ unidades masa atómica

La masa molar del agua es de 18 g · mol^{-1}.

COMPETENCIAS ACTIVIDADES

Actividad resuelta. ¿Cuántas moléculas de ácido clorhídrico (HCl) hay en una muestra de 200 g? La masa atómica del Cl es 35,4; y la del H es 1.

En primer lugar, tenemos que calcular la masa molar del HCl: 35,4 + 1 = **36,4 g**

A continuación, calculamos el número de moles que hay en 200 g de HCl:

$$200 \text{ g HCl} \cdot \frac{1 \text{ mol}}{36{,}4 \text{ g HCl}} = \mathbf{5{,}49\ mol\ HCl}$$

$$5{,}49 \text{ mol HCl} \cdot \frac{6{,}022 \cdot 10^{23} \text{ moléculas HCl}}{1 \text{ mol HCl}} = \mathbf{33{,}06 \cdot 10^{23}\ moléculas\ de\ HCl}$$

Actividad 1. La solubilidad de una sustancia en agua a 25 °C es de 12 g en 100 g de agua:

a) Se prepara una disolución que tiene 28 g de esa sustancia en 300 g de agua. ¿Es una disolución diluida, concentrada o saturada?

b) ¿Qué cantidad de soluto habría que añadir para transformarla en una disolución saturada?

Actividad 2. La gráfica muestra la solubilidad del oxígeno (O_2) en agua en relación con la temperatura:

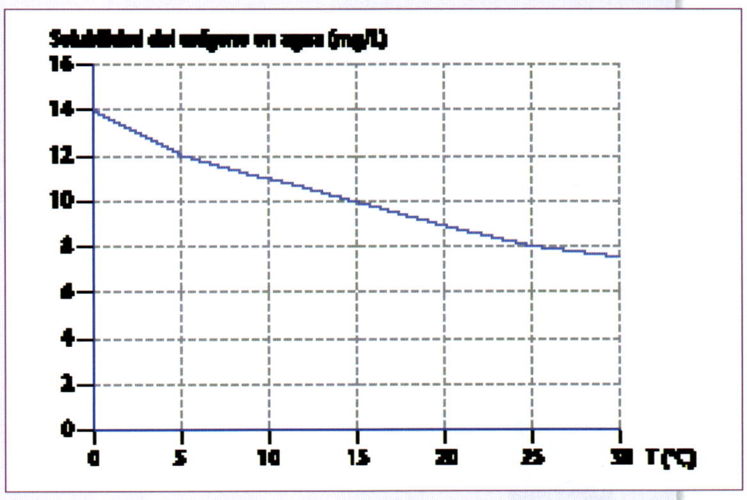

a) ¿En qué intervalo de temperatura se produce el mayor descenso en la solubilidad del O_2?

b) ¿En qué proporción aumenta la solubilidad del O_2 al descender la temperatura desde 25 a 5 °C?

El volumen molar

En los gases, a diferencia de lo que ocurre en los sólidos y los líquidos, un mismo número de partículas ocupa el mismo volumen cuando están a la misma presión y la misma temperatura.

El volumen ocupado por un mol de un gas o **volumen molar** de un gas a 0 °C y 1 atmósfera de presión es 22,4 $dm^3 \cdot mol^{-1}$.

¿Qué volumen ocupará 1 kg de CO_2 a 0 °C y 1 atm? La masa molar del CO_2 es 44 $g \cdot mol^{-1}$.

@ Amplía en la Red...

Para saber más sobre las disoluciones, entra en:
www.tiching.com/000000

1. ¿Qué es una disolución concentrada? ¿Y una disolución diluida?
2. ¿Qué es un mol de una sustancia? ¿Qué es la masa molar?
3. ¿A qué se llama volumen molar de un gas? ¿Cuál es el volumen molar de un gas a 0 °C y 1 atm de presión?
4. ¿Qué es una dispersión coloidal?

2 Preparación de disoluciones

La preparación de disoluciones es una técnica que debe llevarse a cabo con la precisión que requiere el experimento en la medida de las masas y los volúmenes. Se pueden preparar distintos tipos de disoluciones:

Disolución de un sólido en un líquido

Las disoluciones de un soluto sólido en un líquido están entre las más comunes que se hacen en los laboratorios.

Ejemplo: para preparar 100 ml de una disolución de sulfato de cobre ($CuSO_4$) al 15% en agua habría que pesar 15 g de sulfato de cobre y ponerlo en un matraz aforado (a); añadir 50 o 60 ml de agua destilada (b); agitar hasta su disolución (c); completar el volumen final con agua destilada hasta 100 ml (d).

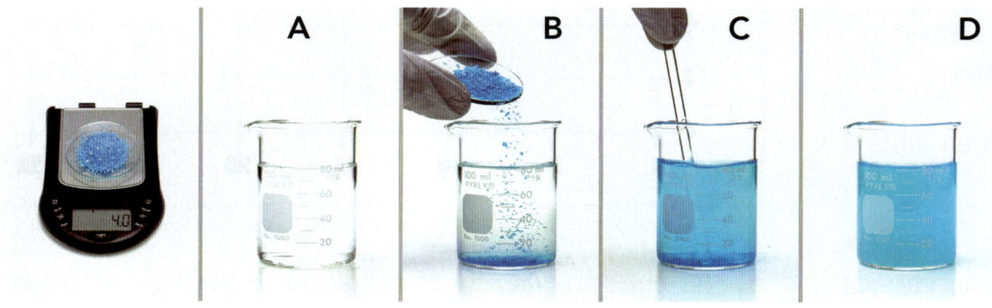

Disolución a partir de otra disolución

A partir de una disolución de mayor concentración se pueden obtener fácilmente otras de concentraciones menores.

Ejemplo: para obtener 100 ml de una disolución de NaOH al 10 % a partir de una disolución al 40 %, habría que tomar 25 ml de esa disolución más concentrada y completar con agua hasta 100 ml.

Disolución de un líquido en otro

Las disolución de un líquido en otro que sea miscible se hace fácilmente, con el único cuidado de hacer correctamente los cálculos para obtener la disolución deseada.

Ejemplo: para preparar 250 ml de alcohol al 70 % a partir de alcohol de 96 %, se calcula el volumen necesario de alcohol de 96%:

$$250 \cdot 70 : 96 = 182{,}3 \text{ ml de alcohol de } 96\ \%$$

Luego se vierten los 182,3 ml de alcohol de 96 % a un matraz aforado y se añade agua destilada hasta completar 250 ml.

Disolución de un sólido en otro

Las más utilizadas son las aleaciones, que son mezclas de metales que se obtienen fundiéndolos y uniéndolos en la proporción deseada.

El oro de 18 kilates tiene 18 partes de oro puro de 24 k (75 %) y 6 partes (25 %) de otro metal, como el cobre o la plata.

Propiedades coligativas

Las propiedades coligativas de las disoluciones son aquellas que dependen de la concentración del soluto. Entre ellas destacan el aumento del punto de ebullición (aumento ebulloscópico), el descenso del punto de fusión (descenso crioscópico) y la presión osmótica.

El anticongelante que se utiliza en los circuitos de refrigeración de los motores de los automóviles es una disolución acuosa cuyo punto de congelación puede llegar a ser de varias decenas de grados bajo cero.

La normalidad

Una forma frecuente de expresar la concentración de los ácidos y de las bases es la **normalidad**, que se define como el número de equivalentes de soluto que hay por litro de disolución. La normalidad se calcula multiplicando la molaridad por el número de H que cede el ácido o el número de OH que cede la base.

Una disolución 1 M de ácido clorhídrico (HCl) será también 1N, ya que tiene solo un H, mientras que una disolución 1 M de ácido sulfúrico (H_2SO_4) será 2 N, puesto que tiene 2 H.

¿Cuál es la normalidad de una disolución 0,5 M de $Ca(OH)_2$?

COMPETENCIAS ACTIVIDADES

Actividad resuelta. ¿Cómo se prepara una disolución 0,05 mol · dm^{-3} (0,05 M) de cloruro potásico (KCl), cuya masa molecular es 74,55?

- La masa molar del KCl es 74,55 g · mol^{-1}, por lo que calculamos la masa de KCl que equivale a 0,05 mol:

$$0{,}05 \text{ mol KCl} \cdot \frac{74{,}55 \text{ KCl}}{1 \text{ mol KCl}} = 3{,}73 \text{ g KCl}$$

- A continuación, pesamos 3,73 g de KCl y lo disolvemos en un vaso de precipitado con 90 o 100 ml de agua. Cuando esté totalmente disuelto, se vierte en un matraz aforado de 1 litro y se completa con agua exactamente hasta 1 litro. Etiquetamos el matraz o recipiente donde lo almacenamos: KCl 0,05 mol dm^{-3}.

Actividad 1. Realiza los cálculos necesarios y describe el procedimiento que hay que seguir para preparar 120 ml de una disolución de glucosa al 6 %.

Actividad 2. La tabla muestra la solubilidad del nitrato de potasio y del sulfato de cobre (II) expresada en g soluto en 100 g de agua a diferentes temperaturas.

	0 °C	20 °C	40 °C	60 °C	80 °C
KNO_3	13	32	64	110	169
$CuSO_4$	14	21	29	40	55

a) Haz una gráfica que permita comparar la solubilidad de ambas sustancias.

b) Se prepara una disolución saturada de KNO_3 y de $CuSO_4$ a 60 °C y se dejan enfriar hasta 20 °C. ¿Qué proporción del soluto utilizado seguiría disuelto en cada caso? ¿Qué proporción precipitaría?

Actividad 3. El análisis de una muestra de aire ofrece los datos que se recogen en la tabla, expresados en % del volumen total.

Nitrógeno	78,1
Oxígeno	20,9
Argón	0,9
CO_2	0,03

a) ¿Cuál será la proporción de moléculas que hay de cada gas en la muestra analizada?

La ley combinada de los gases

Las leyes de los gases fueron establecidas por importantes científicos tras muchos años de investigaciones. Los más destacados fueron Robert Boyle, Jacques Charles y Louis J. Gay-Lussac, quienes comprobaron la relación existente entre la temperatura, la presión y el volumen de los gases, y propusieron varias leyes que llevan hoy sus nombres.

La **ley combinada de los gases** es el resultado de la combinación de esas leyes, y establece que el producto presión por volumen dividido por la temperatura es constante para una masa determinada de un gas:

En proceso

@ Amplía en la Red...

Para saber más sobre la preparación de disoluciones, entra en: www.tiching.com/000000

1. ¿Qué porcentaje de concentración tiene una disolución de NaCl 1,2 mol dm^{-3}? (Masa molar de NaCl = 58,5 g)

2. ¿Qué cantidad de oro puro será necesario para hacer una joya de 36 g de oro de 18 quilates?

3. ¿Qué cantidad de glucosa hay en 250 cm^3 de una disolución de glucosa 0,5 mol dm^{-3}? Masa molecular = 180.

4. ¿Cuántos mililitros de una disolución de glucosa al 20 % son necesarios para preparar una al 4 %?

3 Reacciones químicas

Una reacción química consiste en la transformación de una o más sustancias reaccionantes o **reactivos** en una o más sustancias nuevas, los **productos** de la reacción.

En la reacción tiene lugar una reordenación de los átomos de los reactivos que da lugar a la formación de los productos, que son sustancias con propiedades diferentes. Esto tiene dos consecuencias de enorme importancia:

- El **número de átomos** de cada elemento es el mismo en los reactivos que en los productos.
- La **masa de los reactivos** será idéntica a la de los productos.

Ecuaciones químicas. Una ecuación química es una expresión que muestra una reacción mediante el uso de las fórmulas de los reactivos y los productos, de lo que se puede indicar además el estado: sólido (s), líquido (l) y gaseoso (g). Por ejemplo, la reacción de nitrógeno (N_2) con hidrógeno (H_2) para formar amoniaco (NH_3):

$$N_2\,(g) + 3\,H_2\,(g) \longrightarrow 2\,NH_3\,(g)$$

Esta ecuación química indica que 1 molécula de nitrógeno (gas) reacciona con tres moléculas de hidrógeno (gas) para formar dos moléculas de amoniaco (gas).

Ajuste de una reacción

Las ecuaciones se ajustan cambiando los coeficientes que aparecen delante de las fórmulas, que son los que indican el número de moléculas, y nunca modificando los subíndices de las fórmulas.

Ejemplo: la reacción entre HCl y $Ca(OH)_2$

$$HCl + Ca(OH)_2 \longrightarrow CaCl_2 + H_2O$$

Se observa que en los reactivos solo hay 1 átomo de Cl, mientras que en los productos hay 2. Para ajustar la reacción hay que poner el coeficiente 2 delante del HCl y a continuación ajustar el número de átomos de O y de H poniendo el coeficiente 2 delante de la molécula de H_2O. La reacción ajustada quedaría así:

$$2\,HCl + Ca(OH)_2 \longrightarrow CaCl_2 + 2\,H_2O$$

Ahora sí hay exactamente el mismo número de cada tipo de átomos a un lado y al otro de la ecuación.

Significado de las reacciones químicas

Las reacciones químicas, como la anterior, se pueden interpretar a nivel molecular y atómico. A nivel práctico podemos hacer una interpretación a escala, en la que los coeficientes de cada reactivo o producto se refieren a moles.

Podríamos afirmar que 1 mol de nitrógeno reacciona con 3 moles de hidrógeno para formar 2 moles de amoniaco.

$$\textbf{1 mol de } N_2 + \textbf{3 moles de } H_2 \longrightarrow \textbf{2 moles de } NH_3$$

Cálculos químicos básicos con masas y volúmenes

Recuerda que la masa de un mol o masa molar de una sustancia es igual a su masa molecular expresada en gramos. La masa molar del nitrógeno (N_2) es 28 g, la del hidrógeno (H_2) es 2 g y la del amoniaco (NH_3) es 17 g, por lo que se deduce lo siguiente:

$$\textbf{28 g de } N_2 + \textbf{6 g de } H_2 \longrightarrow \textbf{34 g de } NH_3$$

Vemos como además del número de átomos, **se conserva la masa** al transformarse los reactivos en los productos.

Cuando en la reacción están implicados los gases, como es este caso, se puede aplicar lo que sabemos sobre volumen molar, y puesto que un mol de un gas siempre ocupa el mismo volumen en las mismas condiciones de presión y temperatura, podemos deducir que se mantiene la misma proporcionalidad en los volúmenes que en los moles de los reactivos y productos:

$$1\,dm^3 \text{ de } N_2\,(g) + 3\,dm^3 \text{ de } H_2\,(g) \longrightarrow 2\,dm^3 \text{ de } NH_3$$

Reactivo limitante

Cuando un reactivo está en exceso en una reacción, no se gasta en su totalidad, ya que habrá otro reactivo que se utiliza completamente y que recibe el nombre de **reactivo limitante**, ya que es el que limita la cantidad de producto que puede formarse.

En la reacción de formación de amoniaco a partir de nitrógeno e hidrógeno, ¿cuál será el reactivo limitante si hacemos reaccionar 18 g de H_2 con 140 g de N_2, el H_2 o el N_2?

En proceso

COMPETENCIAS ACTIVIDADES

Actividad resuelta. El azufre (S), de masa atómica 32,1, reacciona con el cinc (Zn), de masa atómica 65,4; para dar sulfuro de cinc (ZnS), según la reacción siguiente:

$$S + Zn \longrightarrow ZnS$$

En un experimento se hacen reaccionar 20 g de S con 20 g de Zn. ¿Cuál es el reactivo limitante? ¿Qué cantidad de sulfuro de cinc se formará?

En primer lugar se calcula el número de moles que tenemos de cada reactivo:

$$20\ \cancel{g\,S} \cdot \frac{1\ mol\ S}{32,1\ \cancel{g\,S}} = 0,62\ mol\ S$$

$$20\ \cancel{g\,Zn} \cdot \frac{1\ mol\ Zn}{65,4\ \cancel{g\,Zn}} = 0,30\ mol\ Zn$$

La reacción se produce entre 1 mol de S y 1 mol de Zn, por lo que el factor limitante es el Zn, del que solo hay 0,3 mol, que reaccionarán con 0,3 mol de S. Como consecuencia, quedarán 0,32 mol de S sin reaccionar y se formarán 0,3 mol de ZnS, lo que equivale a:

$$0,30\ \cancel{mol\ ZnS} \cdot \frac{97,5\ g\ ZnS}{1\ \cancel{mol\ ZnS}} = 29,25\ g\ ZnS$$

Actividad 1. El hidróxido de litio (LiOH) se usa en los submarinos y las naves espaciales porque reacciona con el dióxido de carbono (CO_2) del aire para formar carbonato de litio (Li_2CO_3) y agua (H_2O). (La masa molar del LiOH es de 23,95 g · mol^{-1})

a) ¿Cuál será el objetivo de ese proceso en un submarino?

b) Escribe la reacción y ajústala correctamente.

c) ¿Qué volumen de CO_2 a 1 atm y 0 °C se podría eliminar con 300 g de LiOH?

d) ¿Cuántos g de Li_2CO_3 se habrán formado?

Actividad 2. El magnesio (Mg) se utilizaba en lámparas para hacer fotografías porque arde al reaccionar con el oxígeno (O_2) para formar óxido de magnesio (MgO), según la reacción siguiente:

$$2\ Mg + O_2 \longrightarrow 2\ MgO$$

a) ¿Qué masa de O_2 se consume al quemar 10 g de magnesio?

b) ¿A qué volumen de O_2 equivale esa masa a 1 atm y 0 °C?

c) ¿Qué cantidad de MgO se produce?

(Masas atómicas: Mg = 24,3 ; O = 16)

Identificación de iones

Los iones son átomos con carga eléctrica que se producen por la disociación de moléculas como las sales minerales. El nitrato potásico (KNO_3), por ejemplo, se disocia en sus iones NO_3^- y K^+.

$$KNO_3 \longrightarrow NO_3^- + K+$$

Los iones pueden ser de dos tipos:

- **Cationes.** Tienen carga positiva y son atraídos por el electrodo negativo o cátodo.
- **Aniones.** Tienen carga negativa y son atraídos hacia el polo positivo o ánodo.

La identificación de iones disueltos es una técnica usual en el análisis de agua para consumo humano que tiene su fundamento en reacciones específicas de los iones y su valoración mediante indicadores.

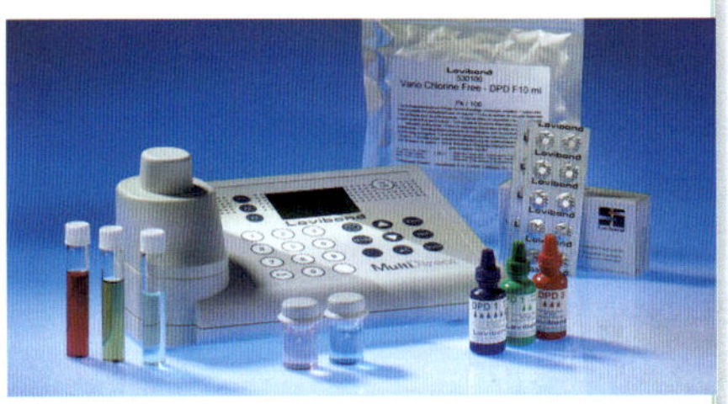

Fotómetro de filtros para análisis de aguas.

Amplía en la Red...

Para saber más sobre las reacciones químicas, entra en: www.tiching.com/000000

1. ¿Cuántas moléculas de nitrógeno (N_2) reaccionarían con 60 000 de hidrógeno (H_2) para formar amoniaco?
2. ¿Qué es un reactivo limitante? Pon un ejemplo.
3. Ajusta la reacción siguiente:

$$Fe_2O_3 + HCl \longrightarrow FeCl_3 + H_2O$$

4. ¿Qué son los iones? ¿Qué tipos existen? ¿En qué se diferencian?

4 Tipos de reacciones químicas

Hay una gran variedad de reacciones químicas en las que participan y se forman distintos tipos de moléculas. Algunas de ellas son:

Reacciones ácido-base

Un **ácido** es una sustancia química que desprende protones (H^+) cuando está en una disolución acuosa. El ácido clorhídrico (HCl), por ejemplo, se descompone en el ion cloruro (Cl^-) y libera un protón:

$$HCl \longrightarrow Cl^- + H^+$$

Una **base** o **álcali**, como el hidróxido sódico (NaOH), es una sustancia química que puede aceptar protones (H^+):

$$NaOH + H^+ \longrightarrow Na^+ + H_2O$$

La reacción de **neutralización** se produce entre un ácido y una base para formar una sal y agua. La reacción entre ácido clorhídrico e hidróxido sódico da lugar a cloruro sódico (NaCl) y agua.

$$\mathbf{HCl + NaOH \longrightarrow NaCl + H_2O}$$

Reacciones de síntesis

Son aquellas en las que reaccionan dos o más compuestos para formar un producto.

$$\mathbf{2\,H_2 + O_2 \longrightarrow 2\,H_2O}$$

Reacciones de degradación

En ellas un reactivo se descompone en dos o más productos. Un ejemplo es la descomposición térmica del clorato potásico($KClO_3$), que da lugar a cloruro potásico (KCl) y oxígeno (O_2).

$$\mathbf{2\,KClO_3 \longrightarrow 2\,KCl + 3\,O_2\,(g)}$$

Reacciones de sustitución

Son reacciones en las que un elemento de un compuesto es sustituido por otro:

$$\mathbf{Fe + CuSO_4 \longrightarrow FeSO_4 + Cu}$$

Reacciones de oxidación-reducción

También se les llama reacciones ***redox*** y en ellas se produce una transferencia de electrones entre los reactivos, lo que da lugar a productos con diferentes estados de oxidación. El elemento que cede electrones se oxida y el que los acepta se reduce. El nombre de oxidación se debe a que una de las reacciones de oxidación más comunes es la combinación con el oxígeno. Por ejemplo, la oxidación del hierro metálico (Fe) para formar óxido de hierro (III):

$$\mathbf{4\,Fe\,(s) + 3\,O_2\,(g) \longrightarrow 2\,Fe_2O_3\,(s)}$$

El pH y los indicadores de pH

Los protones liberados por un ácido se unen a moléculas de agua para formar el ion hidrogenión (H_3O^+):

$$H_2O + H^+ \longrightarrow H_3O^+$$

La presencia de protones (hidrogeniones) libres es la causa de la acidez, que se puede medir mediante el pH. El pH o potencial de H es una magnitud que mide la acidez de una disolución. Los valores de pH oscilan entre 0 y 14 y son inversos a la acidez; cuanto más bajo sea, mayor carácter ácido tendrá una disolución: el pH = 7 es neutro, por debajo de 7 es ácido y por encima de 7 es básico o alcalino.

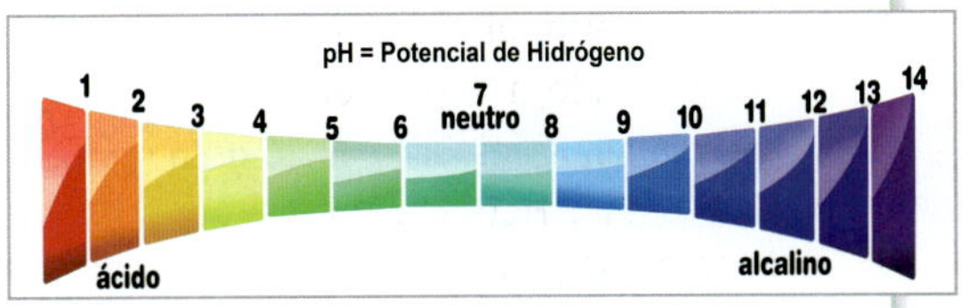

Un indicador de pH es un reactivo que sirve para medir el pH. Puede ser una disolución, como la fenolftaleína o un papel como el de tornasol, en el que el color que adquiere al introducirlo en una disolución nos permite conocer el pH. Existen también modernos dispositivos electrónicos, los ph-metros, que permiten medir el pH con gran precisión.

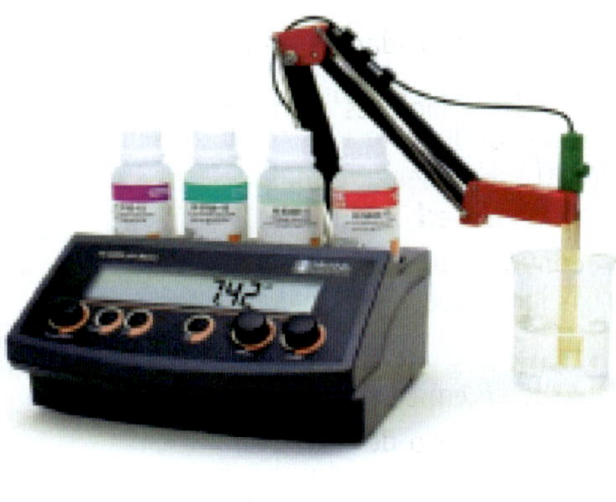

Ph-metro.

COMPETENCIAS ACTIVIDADES

Actividad 1. El ácido clorhídrico (HCl) reacciona con el cinc metálico (Zn) para formar cloruro de cinc ($ZnCl_2$) e hidrógeno (H_2).

En una práctica se añaden 6,54 g de Zn a 100 cm^3 de HCl 1 N.

a) Escribe la reacción química y ajústala.

b) ¿Cuál es el reactivo limitante?

c) ¿Qué cantidad del otro reactivo quedará sin reaccionar?

d) ¿Qué cantidad de $ZnCl_2$ se producirá?

e) ¿Cuál sería el volumen del H_2 liberado a 1 atm y 0 °C? (Masas molares en g mol^{-1} = Zn: 65,4 ; HCl: 36,5; $ZnCl_2$: 136,3 ; H_2: 2)

En proceso

Actividad 2. El ácido clorhídrico reacciona con el hidróxido de bario para formar cloruro de bario y agua según la reacción siguiente que está sin ajustar:

$$HCl + Ba(OH)_2 \longrightarrow Ba(Cl)_2 + H_2O$$

a) Ajusta la reacción.

b) Calcula la cantidad de HCl que reaccionaría totalmente con 300 g de $Ba(OH)_2$.

c) ¿Qué cantidad de cloruro de bario se formaría?

(Masas molares en g · mol^{-1} = HCl: 36,5; $Ba(OH)_2$: 171,34; $Ba(Cl)_2$: 208,23)

Actividad 3. El propano (C_3H_8) es un hidrocarburo gaseoso cuya combustión se hace según la reacción siguiente:

$$C_3H_8 + 5\ O_2 \longrightarrow 3\ CO_2 + 4\ H_2O$$

a) ¿Qué cantidad de CO_2 se formaría al quemar 100 g de propano con un exceso de O_2?

b) ¿A qué volumen de CO_2 (a 1 atm y 0 °C) equivale esa cantidad?

(Masas molares en g · mol^{-1} = C_3H_8: 44 ; O_2: 32 ; CO_2: 44)

La electrolisis

La **electrolisis** es una reacción redox que utiliza la energía proporcionada por una corriente eléctrica. Para ello se aplica una corriente continua mediante dos electrodos conectados a una fuente de alimentación y sumergidos en la disolución. El electrodo conectado al polo positivo (ánodo) atrae los iones negativos, o aniones, mientras que los iones positivos, o cationes, son atraídos y se desplazan hacia el cátodo (electrodo negativo). En la técnica de **electrodeposición** se utiliza como cátodo una pieza que se quiere recubrir de un metal, como el níquel o la plata, cuyos cationes están en una disolución.

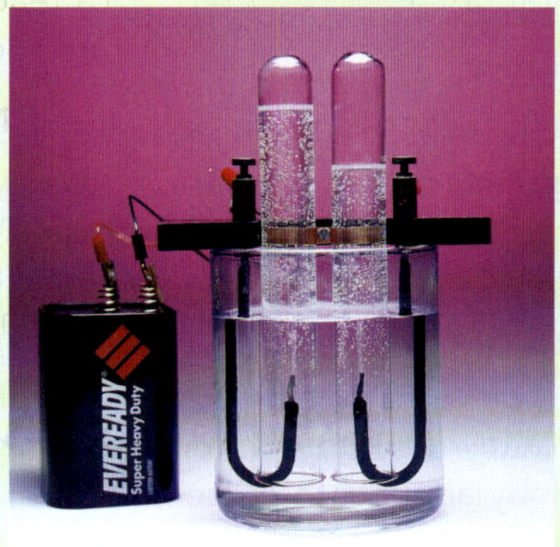

Esta técnica es utilizada en muchas fábricas con distintos fines, como por ejemplo, recubrir la carrocería de vehículos con una capa de imprimación antióxido.

@ Amplía en la Red...

Para saber más sobre los tipos de reacciones, entra en: www.ticHing.com/000000

1. ¿Qué es un ácido? ¿Y una base? ¿En qué consisten las reacciones ácido-base?
2. ¿Qué es el pH? ¿Cuál es el pH de las sustancias ácidas? ¿Qué es un indicador de pH?
3. Indica qué sustancias se formarían en la reacción entre ácido clorhídrico (HCl) e hidróxido de calcio $Ca(OH)_2$?
4. ¿Qué tipo de reacción es la electrolisis?

5 Las biomoléculas en los alimentos

Los alimentos suministran las biomoléculas que proporcionan la materia y la energía de los organismos animales. Desde el punto de vista dietético, se suelen clasificar en dos grandes grupos:

- **Macronutrientes.** Constituyen la mayor parte de los alimentos e incluyen a los **glúcidos** o **hidratos de carbono**, los **lípidos** y las **proteínas**. Se podrían incluir en este grupo el **agua** y la **fibra**, que no proporcionan energía a las células.
- **Micronutrientes.** Son necesarios en cantidades pequeñas, pero son imprescindibles en la dieta. Son las **vitaminas** y los **minerales**.

@ Amplía en la Red...

Para saber más sobre las biomoléculas presentes en los alimentos, entra en: www.tiching.com/000000

Macronutrientes y micronutrientes

Hidratos de carbono

Los más importantes desde el punto de vista dietético son:

- **Azúcares.** Son los monosacáridos, como la **glucosa**, la **galactosa** y la **fructosa**, y los disacáridos, como la **sacarosa**, la **maltosa** y la **lactosa**. Proporcionan a las células la mayor parte de la energía que necesitan.
- **Almidón.** Es la fécula, un glúcido complejo formado por varios millares de moléculas de glucosa, y constituye una reserva de energía en las plantas. Es muy abundante en cereales, legumbres y patatas.
- **Fibra.** Está formada por la celulosa presente en las células vegetales y es muy abundante en las frutas, verduras, cereales integrales y legumbres. Los seres humanos no la podemos asimilar y es expulsada con las heces.

Proteínas

Las proteínas son grandes moléculas formadas por aminoácidos que desempeñan algunas de las funciones más importantes de las células. El **valor biológico** de una proteína depende de si aporta o no todos los aminoácidos esenciales, y permite distinguir:

- Proteínas de origen animal. Se encuentran en carnes, pescados, productos lácteos, huevos, etc., y tienen un alto valor nutritivo, puesto que aportan todos los aminoácidos necesarios en la dieta.
- Proteínas de origen vegetal. No contienen todos los aminoácidos esenciales.

Lípidos

Llevan a cabo distintas funciones en los organismos:

- Triglicéridos. Son las grasas, tanto de origen animal como vegetal, y almacenan una gran cantidad de energía en sus enlaces químicos. Presentan ácidos grasos que pueden ser **saturados**, más abundantes en las grasas de origen animal y menos saludables, o **insaturados**, abundantes en los aceites de origen vegetal y con efectos más beneficiosos para la salud.
- Colesterol. Es un lípido que acompaña a las grasas de origen animal. Es necesario, pero cuando se ingiere en exceso se acumula y aumenta el riesgo de aparición de enfermedades cardiovasculares.

Minerales y vitaminas

Los minerales son componentes inorgánicos, procedentes de las sales minerales. Son necesarios en la dieta, algunos en cantidades muy pequeñas, como son los **oligoelementos**, como el selenio, el litio o el molibdeno.

Las **vitaminas** son sustancias orgánicas necesarias en la dieta, puesto que participan en diferentes procesos, como el control del metabolismo celular, ya que muchas forman parte de coenzimas. Hay dos grandes grupos:

- **Vitaminas hidrosolubles.** Son solubles en agua, como la vitamina C y las del complejo B (B_1, B_2, B_3, B_5, B_6 y B_{12})
- **Vitaminas liposolubles.** Son de naturaleza lipídica. Las más importantes son: A, D, E y K.

COMPETENCIAS ACTIVIDADES

Identificación de azúcares. La presencia de monosacáridos y disacáridos, excepto la sacarosa, puede ser demostrada mediante la reacción de Fehling, debido a que tienen poder reductor.

- **Reacción de Fehling.** Permite demostrar la presencia de sustancias reductoras, como un monosacárido (R-CHO), que en la reacción se oxida para formar un derivado (R-COOH). El reactivo de Fehling, de color azul, contiene hidróxido de cobre (II) $Cu(OH)_2$, una sustancia que se reduce en presencia de glucosa para formar hidróxido de cobre (I) (CuOH), según la reacción siguiente:

$$2\ Cu(OH)_2 + R\text{-}CHO \longrightarrow R\text{-}COOH + H_2O + 2\ CuOH$$

El hidróxido de cobre (I), CuOH, se transforma en óxido de cobre (I), Cu_2O, una sustancia con un color rojo ladrillo característico, cambio que demuestra la presencia del monosacárido.

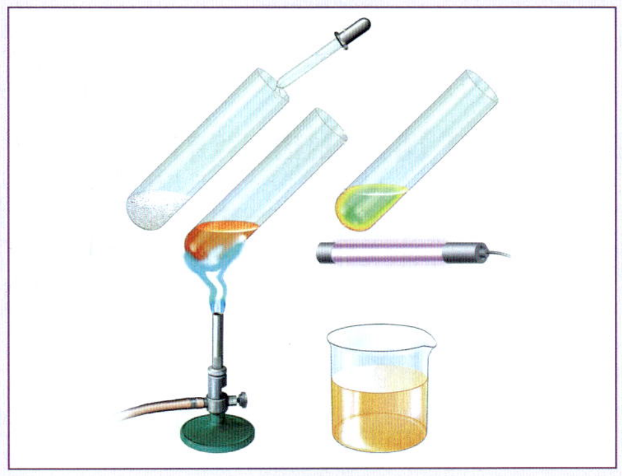

Al calentar en el mechero la mezcla de la disolución de glucosa y el reactivo de Fehling se produce un cambio en el color.

Identificación del almidón. El almidón es un hidrato de carbono complejo (polisacárido) formado por miles de moléculas de glucosa. Constituye una importante reserva de energía en las células vegetales y su empleo está generalizado en alimentos preparados.

- **Reacción de Lugol.** El reactivo de Lugol es una disolución de ioduro potásico (IK) y yodo molecular (I_2) de color amarillento, como resultado de la cual se forma el ión I_3^-. El almidón se tiñe de un color azul intenso al añadir lugol, lo cual se debe a la fijación de los iones de yodo resultantes en el interior de sus moléculas, que adoptan una estructura helicoidal. Esta prueba permite detectar la presencia de almidón en los alimentos.

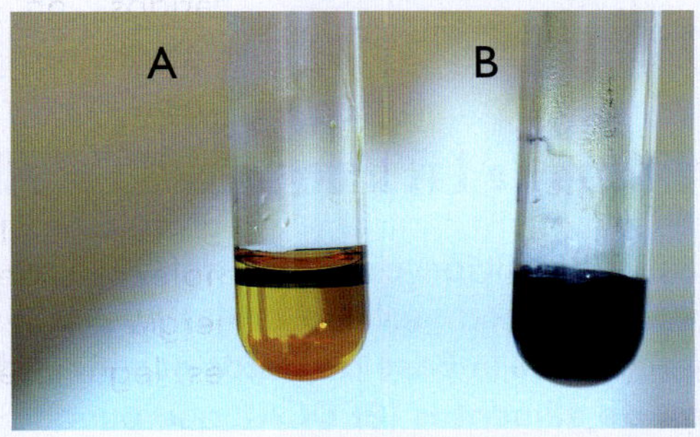

Reactivo de Lugol (A) y reacción con el almidón (B).

Actividad 1. En una página web sobre dietas se obtienen los datos que corresponden a tres alimentos: tomates, pan blanco y pavo. Los datos se recogen en la tabla adjunta y se refieren a 100 g de porción comestible:

a) ¿A qué alimentos corresponden los datos identificados con las letras A, B y C?

b) ¿Cuál de los alimentos contendrá una mayor cantidad de ácidos grasos?

c) Calcula la energía total y la cantidad de los distintos componentes presentes en un bocadillo que tenga 80 g de pan, 50 g de pavo y 20 g de tomate.

	A	B	C
Energía (kcal)	261,00	157,00	22,17
Proteína (g)	8,47	20,18	0,88
Hidratos de carbono (g)	51,50	0,00	3,50
Fibra (g)	3,50	0,00	1,40
Grasa total (g)	1,60	8,50	0,21
Colesterol (mg)	0,00	74,00	0,00
Agua (g)	34,90	71,30	94,00

1. ¿Qué son los micronutrientes? ¿Qué tipos hay y cuáles son sus funciones?

2. ¿Qué diferencia hay entre las proteínas de origen animal y las de origen vegetal?

3. ¿Qué son los triglicéridos? ¿Qué tipos de ácidos grasos existen?

4. ¿Qué diferencias hay entre las vitaminas hidrosolubles y las liposolubles?

6 Composición y etiquetado de los alimentos

La importancia de la alimentación en la salud de las personas obliga a informar sobre la composición de los alimentos, por medio de un etiquetado adecuado que permita ejercer el derecho para elegir el tipo de alimentación que cada individuo estime oportuno.

Etiquetas de los alimentos

Las etiquetas de los alimentos son el medio de comunicación entre los productores y los consumidores. La normativa sobre etiquetado obliga a incluir, entre otros, los aspectos siguientes:

- Presencia de alérgenos.
- Tipo de aceite utilizado.
- Países en los que los animales son criados y sacrificados.
- La tabla nutricional, que debe incluir la información detallada sobre la energía, grasas, ácidos grasos saturados e insaturados, hidratos de carbono, azúcares, proteínas y sal para todos los alimentos procesados envasados.

Datos de Nutrición
Tamaño de la porción 100g

Cantidad por porción	
Calorías 169	Calorías de grasa 65
	% Valor Dalily
Grasa total 7g	11%
Grasa saturada 2g	11%
Grasas Trans	
Colesterol 68 mg	23%
Sodio 42mg	2%
Carbohidratos totales 0g	0%
Fibra dietética 0g	0%
Azúcares 0g	
Proteínas 24g	
Vitamina A 6% • Vitamina C	5%
Calcio 9% • Hierro	2%

* Porcentaje de Valores diarios están en 2,000 Calorías. Sus valores diarios pueden ser mayores o menores dependiendo de sus necesidades calóricas.

La etiqueta de los alimentos debe ofrecer una información nutricional clara y precisa.

Predicción de las biomoléculas presentes en los alimentos

La composición detallada de los alimentos puede consultarse con facilidad en las nuevas bases de datos, como es la **Base de datos española de composición de alimentos (BEDCA)**, que puede ser consultada en la web: **http://www.bedca.net/**.

Además de la **energía total** aportada por cada porción de 100 g del alimento considerado, se ofrece desglosada según el origen de su aporte (carbohidratos, grasas o proteínas) con el fin de facilitar los cálculos para adoptar una dieta equilibrada.

El ejemplo siguiente ofrece la información referida al chocolate negro, dentro del grupo de alimentos "azúcar, chocolate y derivados".

En proceso

Realiza los cálculos siguientes para de 120 g:

1. Cantidad, en g, de ácidos grasos saturados, de colesterol, de hidratos de carbono y de proteínas.
2. Energía total y energía suministrada por los carbohidratos, las grasas y las proteínas.

CHOCOLATE NEGRO (Información de composición [por 100 g de porción comestible])

Componente	Valor	Unidad	Fuente
Proximales			
alcohol (etanol)	0	g	310
energía, total	2262 (543)	kj (kcal)	236
grasa, total (lípidos totales)	29,2	g	29
proteína, total	4,7	g	29
agua (humedad)	1,3	g	7
Hidratos de carbono			
fibra, dietética total	-	-	-
carbohidratos	64,8	g	29
Grasas			
ácido graso 22:6 n-3 (ácido docosahexaenóico)	-	-	-
ácidos grasos, monoinsaturados totales	9,3	g	29
ácidos grasos, poliinsaturados totales	1,2	g	29
ácidos grasos saturados totales	16,9	g	29
ácido graso 12:0 (láurico)	0,016	g	326
ácido graso 14:0 (ácido mirístico)	0,045	g	326
ácido graso 16:0 (ácido palmítico)	8,432	g	326
ácido graso 18:0 (ácido esteárico)	10,883	g	326
ácido graso 18:1 n-9 cis (ácido oléico)	8,013	g	326
colesterol	9	mg	29
ácido graso 18:2	0,989	g	326
ácido graso 18:3	0,048	g	326
ácido graso 20:4 n-6 (ácido araquidónico)	-	-	-
ácido graso 20:5 (ácido eicosapentaenóico)	0,003	g	326
Vitaminas			
Vitamina A equivalentes de retinol de actividades de retinos y carotenoides	8,6667	ug	61
Vitamina D	0	ug	61
Vitamina E equivalentes de alfa tocoferol de actividades de vitámeros E	0,1333	mg	179
folato, total	6	ug	149
equivalentes de niacina, totales	0,9667	mg	179
riboflavina	0,1367	mg	179
tiamina	0,0467	mg	179
Vitamina B-12	0	ug	61
Vitamina B-6, Total	0,05	mg	179
Vitamina C (ácido ascórbico)	0	mg	149
Minerales			
calcio	37,6667	mg	179
hierro, total	1,5	mg	179
potasio	359,667	mg	179
magnesio	123,667	mg	179
sodio	12,3333	mg	179

Reconocimiento de proteínas. La presencia de proteínas se puede demostrar mediante la reacción de Biuret, que es característica de los enlaces peptídicos, que son los que unen entre sí los aminoácidos de las proteínas. El procedimiento es muy sencillo:

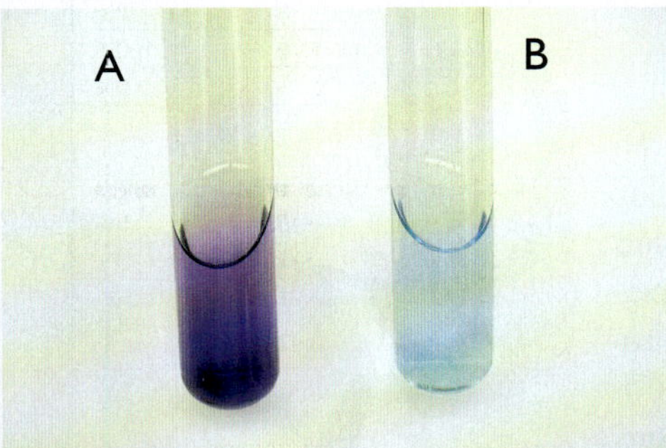

Reacción de Biuret: negativa (A) y positiva (B).

a) Se añaden unas gotas de $CuSO_4$ 0,01 mol · dm^{-3} a un tubo de ensayo que contenga 2 ml de NaOH al 40 % y se agita para que se mezcle bien, lo que da lugar a un color azul.

b) Se vierte el contenido de este tubo en otro que contenga 1 ml de la disolución en la que pensamos que puede haber proteínas y se agita hasta conseguir su mezcla. Si hay proteínas aparecerá un color violeta.

Actividad 1. En una fábrica de transformación de productos cárnicos de origen porcino se elaboran distintos productos, como jamón cocido extra, fiambre de jamón o crema al jamón york. Estos dos últimos productos contienen almidón y proteínas de leche o de origen vegetal, entre otros ingredientes.

a) ¿Cómo puedes demostrar la presencia de almidón en el fiambre?

b) ¿Se podría demostrar mediante la prueba de Biuret la presencia de proteínas de origen vegetal? ¿Por qué?

Actividad 2. La etiqueta de una determinada marca de leche ofrece la información siguiente referida a 100 ml del producto junto con el porcentaje correspondiente sobre la cantidad diaria recomendada:

- Valor energético: 55 kcal
- Proteínas: 3,1 g
- Hidratos de carbono: 4,7 g
- Grasas: 3,6 g

a) La información ofrecida, ¿incluye algún micronutriente?

b) ¿Consideras que es suficiente la información proporcionada a los consumidores?

c) ¿Cómo desglosarías la información referente a las grasas?

d) ¿Qué otros datos deberían estar incluidos en la etiqueta?

e) ¿Para qué es útil la información sobre la cantidad diaria recomendada?

@ Amplía en la Red...

Para saber más sobre el etiquetado de los alimentos, entra en: www.tiching.com/000000

1. ¿Qué tipo de datos debe incluir la etiqueta de los productos alimentarios?
2. ¿Por qué es importante informar de la cantidad de colesterol y ácidos grasos saturados de un alimento?
3. En las etiquetas de productos cárnicos figura el país de origen, el de cría y el de sacrificio del animal. ¿Por qué son útiles esos datos?
4. ¿En qué consiste la prueba de Biuret? ¿Para qué es de utilidad?

Química, sociedad y tecnología

La química tiene una historia apasionante. Las reacciones químicas, que se llevan a cabo entre átomos y moléculas invisibles, fueron consideradas durante muchos siglos como un asunto de magos, brujas y alquimistas. La química tiene una importancia enorme en la vida diaria de las personas y está en el origen de la mayor parte de los avances de la humanidad. Nuevas moléculas son sintetizadas cada día, utilizadas para la fabricación de objetos corrientes, para los últimos dispositivos tecnológicos o para el tratamiento de las enfermedades.

@ Amplía en la Red...

Para saber más sobre la importancia de la química en nuestras vidas, entra en: www.tiching.com/000000

A LA CONSTANTE DE AVOGADRO

Amadeo Avogadro propuso en 1811 que volúmenes iguales de dos gases a la misma temperatura y la misma presión contienen el mismo número de moléculas. Esta hipótesis, consecuencia de sus observaciones, pasó inadvertida durante casi 50 años. En la actualidad sabemos que en un mol de una sustancia hay un número de moléculas fijo, que es conocido como la **constante de Avogadro**. Ese número es $6{,}0221367 \cdot 10^{23}$, y fue determinado por el científico francés Jean Perrin, Premio Nobel de Física en 1926, que se basó en algunos de los métodos teóricos desarrollados por Albert Einstein en 1905.

B LA TEMPERATURA MÁS BAJA

En 1787, Jacques Charles observó que el volumen de un gas aumentaba 1:273 veces cuando la temperatura aumentaba un grado centígrado, lo que sirvió a Gay-Lussac para establecer la relación entre el volumen y la temperatura de un gas cuando la masa y la presión son constantes.

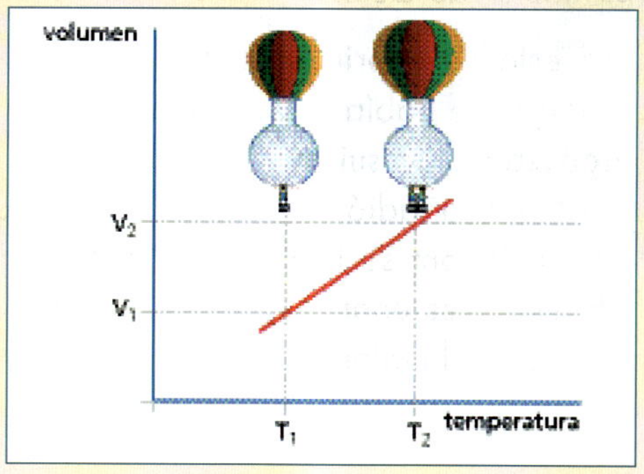

La representación gráfica de la ley de Charles y Gay-Lussac nos indica que el volumen de un gas se haría 0 a –273,15 °C. Esto llevó al físico británico Lord Kelvin a proponer esa temperatura como el 0 de una escala de temperatura absoluta cuya unidad es el **kelvin** (K).

C QUÍMICA PARA LA GUERRA

Muchos de los hallazgos científicos en el campo de la química han tenido aplicación militar o han sido debidos a la investigación con tal finalidad. El trifluoruro de cloro (ClF_3), que se forma mediante la reacción entre el flúor (F_2) y el cloro (Cl_2), es una sustancia altamente incendiaria y explosiva que libera gases tóxicos y que fue objeto de investigación durante la Segunda Guerra Mundial, aunque se usó de forma limitada debido a la incapacidad para controlar sus efectos.

La gasolina ha sido utilizada por su poder incendiario en lanzallamas y bombas incendiarias, pero fue el napalm, un gel de gasolina mezclada con jabón de aluminio, aceites de coco o de palma, que arde lentamente y es muy difícil de apagar, lo que se utilizó en las bombas incendiarias que destruyeron Guernica y Dresde, y en los bombardeos de Vietnam.

D ARSÉNICO POR COMPASIÓN

El **arsénico** (As) es un elemento químico conocido desde la Antigüedad y utilizado en distintos tratamientos terapéuticos a lo largo de la historia. Fue aislado por san Alberto Magno en 1250 y estudiado por diferentes químicos en los siglos siguientes. El arsénico y sus compuestos inorgánicos son fuertemente tóxicos y han sido los venenos más utilizados en homicidios, si bien es fácilmente detectable por sus efectos en el cuerpo. Estos efectos son acumulativos, por lo que el envenenamiento se puede haber hecho lentamente, en pequeñas dosis. Así lo hizo Hélène Jégado, una cocinera que fue ejecutada en 1852 tras haber envenenado poco a poco a una treintena de personas para las que había trabajado en Bretaña (Francia).

E TÁNTALO, EL TANTALIO Y EL COLTÁN

Tántalo, hijo de Zeus y la oceánide Pluto, es un personaje mitológico que fue castigado por sus crímenes. Fue condenado a la parte más profunda del inframundo, el Tártaro, donde pasó hambre y sed rodeado de agua y de frutas.

El tantalio (Ta) es un elemento químico imprescindible para la fabricación de algunos componentes de los teléfonos móviles, satélites artificiales y muchos otros dispositivos electrónicos.

El tantalio se extrae del **coltán**, una disolución sólida de dos minerales: niobita y tantalita. El mayor productor del mundo es la República Democrática del Congo y su explotación es causa de una gran polémica debido a unas condiciones laborales que nos recuerdan la tortura a la que fue condenado Tántalo.

E EL NAILON

El nailon o *nylon* (marca registrada) es la primera fibra textil sintética, una poliamida cuyo uso se hizo imprescindible en la industria textil, bélica y de producción de diferentes objetos de uso cotidiano, como los cepillos de dientes. Empezó a producirlo la empresa DuPont como resultado del descubrimiento realizado en 1935 y patentado por Wallace Hume Carothers, jefe del Departamento de Investigación de Química Orgánica de la empresa.

Tras este descubrimiento, Carothers empezó a pensar que se había quedado sin ideas y que era un fracasado. Se suicidó tomando un zumo de limón al que añadió cianuro potásico (KCN). La empresa DuPont se hizo con la patente y obtuvo desde entonces enormes beneficios con la comercialización del nailon, el invento de un *fracasado*.

1. Busca información sobre algunos productos sintéticos que se usan en objetos corrientes, como el PET, el poliestireno o el teflón.
2. Busca información en Internet sobre avances de la ciencia conseguidos en investigaciones llevadas a cabo en tiempos de guerra.
3. Busca información sobre la contaminación del agua con arsénico y sus efectos sobre las personas.
4. ¿Qué opinas sobre la investigación científica destinada a fines bélicos, como el Proyecto Manhattan para desarrollar la bomba atómica?

APRENDE A... MEDIR EL pH CON COL LOMBARDA

Los indicadores de pH son imprescindibles para determinar el grado de acidez de sustancias, tanto en actividades científicas como en la industria química, farmacéutica o alimentaria. Para medir el pH con precisión se utilizan modernos ph-metros, pero para un uso menos preciso se puede recurrir a indicadores químicos, como el papel de tornasol y la fenolftaleína, o a sustancias naturales presentes en muchas plantas.

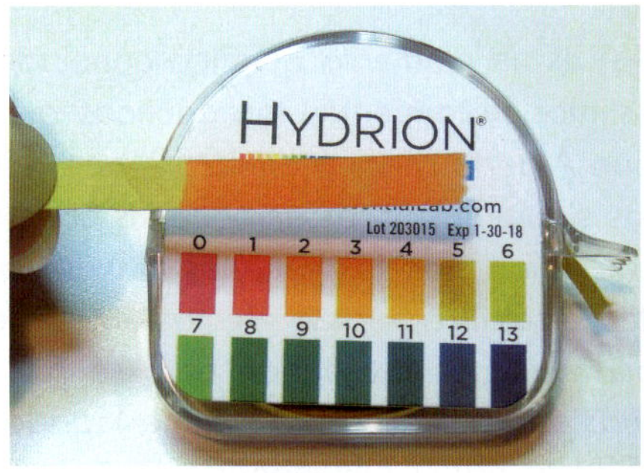

Comparación de las tiras de papel con el código de colores que indica los valores de pH.

1. Planteamiento

La col lombarda, las cerezas o las cebollas rojas tienen unos pigmentos llamados antocianinas, cuyos colores varían del azul al rojo. En la col lombarda este pigmento es de color azul. Las antocianinas son sensibles a las variaciones de pH y reaccionan con un cambio de color, lo que permite utilizarlas para medir el pH. Vamos a medir el pH de varias sustancias de uso cotidiano. Previamente elaboramos una hipótesis sobre si esas sustancias son ácidas, básicas o neutras.

2. Material

- Gradilla con tubos de ensayo
- Pipetas Pasteur
- Tiras de papel indicador de pH
- Jugo de lombarda, obtenido hirviendo en agua unas hojas durante unos minutos
- Agua, zumo de limón, vino blanco, vinagre, limpiador amoniacal, lejía, bicarbonato sódico, detergente de lavadora disuelto en agua

3. Procedimiento

- Pon en cada tubo de ensayo una muestra, preferentemente filtrada, de cada una de las sustancias cuyo pH se quiere comprobar.
- Rotula cada tubo para su identificación.
- Comprueba el pH de cada muestra utilizando una tira de papel indicador para cada una y anota el resultado.
- Añade unas gotas del jugo de la col lombarda a cada tubo, observa el resultado y anótalo.
- Puedes tomar una fotografía de la gradilla para acompañarla al informe sobre la actividad.

Nota: se pueden elaborar tiras de papel indicador dejando papel de filtro sumergido en el jugo de lombarda unas horas y cortándolo en tiras tras haberlo dejado secar convenientemente.

4. Resultados

Los líquidos utilizados tienen diferentes valores de pH, lo cual se puede comprobar al comparar el color de cada tira de papel indicador comercial con el patrón que acompaña al papel indicador. En los tubos de ensayo se puede observar una gama de colores que van desde el rojo intenso, que corresponde a valores muy bajos (ácidos) de pH hasta el amarillo, que corresponde a los valores más altos.

En proceso

5. Análisis de los resultados y conclusiones

a) ¿Se ha cumplido la hipótesis propuesta?

b) ¿Con qué objeto hemos utilizado el papel indicador en este experimento? ¿Podría haberse utilizado un pH-metro en su lugar?

c) ¿Qué pH aproximado tiene cada una de las sustancias utilizadas como muestra?

d) ¿Qué sustancias tienen un carácter ácido y cuáles alcalino? ¿Hay alguna neutra?

1 Identifica preguntas científicas

Los aditivos alimentarios

Los aditivos alimentarios son sustancias que carecen de poder nutritivo y se agregan a los alimentos para modificar su aspecto o periodo de conservación. Entre ellos hay colorantes, conservantes, antioxidantes, edulcorantes o potenciadores del sabor. Existe una gran preocupación en algunas organizaciones de consumidores por los riesgos que algunas de estas sustancias pueden tener para la salud de las personas

Identifica, en la siguiente lista, las cuestiones científicas que se puedan investigar sobre este tema:

1. Los aditivos no son imprescindibles.
2. La vitamina E es un antioxidante natural beneficioso.
3. Los nitritos dificultan el transporte de O_2 por la sangre.
4. Hay personas alérgicas al sorbitol, un aditivo común.

2 Formula hipótesis

La piedra filosofal

Los alquimistas creían que existía una sustancia capaz de transformar metales corrientes en oro y que tenía, además, propiedades mágicas y curativas. A esa sustancia maravillosa le dieron el nombre de piedra filosofal y a su búsqueda iban destinados todos sus esfuerzos. Hoy sabemos que el oro es un elemento químico que no puede aparecer por la transformación química de ningún otro elemento.

Identifica entre las afirmaciones siguientes las que son hipótesis. Justifica tu respuesta:

1. El oro es un buen conductor de la electricidad.
2. El oro de los yacimientos procede de las rocas.
3. La piedra filosofal no existe.
4. El punto de fusión del oro supera los 1 000 °C.

3 Diseña un experimento. Electrolisis del ioduro de potasio

El ioduro potásico (IK) es una sal formada por dos iones, el anión ioduro (I^-) y el catión potasio (K^+).

El almidón permite detectar la presencia de yodo. La fenolftaleína es un indicador de pH incoloro que vira a rosa al pasar de un medio neutro a un medio básico.

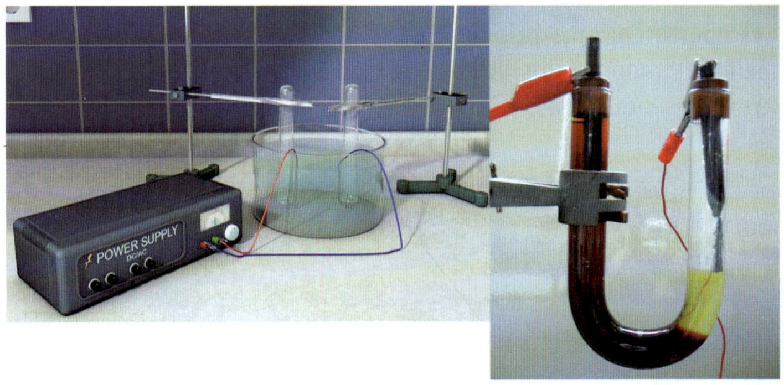

1. Enuncia una hipótesis

Enuncia una hipótesis sobre si el ioduro potásico se puede descomponer en sus iones.

2. Materiales necesarios

- Disolución de IK 1 mol dm^{-3}
- Tubo de ensayo con 5 cm^3 de almidón al 1 %
- Solución alcohólica comercial de fenolftaleína
- Fuente de alimentación con electrodos
- Tubo en forma de U
- Pipetas Pasteur
- Soporte para el tubo en U

3. Diseña el experimento

Diseña un experimento que permita separar del IK mediante electroforesis el ion ioduro (I^-) y el ion potasio (K^+) y demostrar su presencia.

4. Analiza e interpreta los resultados

Recoge los datos y elabora un informe detallado de los pasos seguidos en el procedimiento y de los resultados obtenidos.

5. Extrae conclusiones

a) ¿Qué cambios se producen en la disolución de IK, que era transparente, en el curso del experimento?

b) ¿Puedes afirmar que se ha separado el catión potasio (K^+)?

c) ¿Cómo puedes demostrar que se ha liberado iodo?

d) ¿En qué electrodo, el ánodo o el cátodo, se acumula cada ion?

e) ¿Se ha cumplido la hipótesis propuesta?

4 Analiza la gráfica

El suelo es un sistema complejo formado por partículas minerales, materia orgánica, agua y gases, además de diversos tipos de seres vivos. El estado y la fertilidad de un suelo dependen de muchos factores, entre los que está el pH. Esto es debido a que condiciona la disponibilidad de determinados nutrientes para las plantas.

La gráfica representa la disponibilidad de distintos nutrientes en función del pH:

a) ¿Qué intervalo de pH será el más adecuado para favorecer la disponibilidad de nutrientes por las plantas?

b) ¿Cómo afectará a la disponibilidad de fósforo un descenso de pH de 6,5 a 5?

c) Los abonos minerales, como el nitrato potásico (KNO_3) aportan nutrientes al suelo. ¿En qué iones se disocia el nitrato potásico?

d) La harina de huesos es un fertilizante orgánico de liberación lenta, rico en fosfato tricálcico $Ca_3(PO_4)_2$. ¿Qué elementos aporta al suelo?

5 Extrae conclusiones

El aporte calórico principal de una dieta equilibrada debe ser suministrado por los diferentes tipos de nutrientes en los porcentajes siguientes:

	Proteínas	Grasas	Hidratos de carbono
Energía (kcal)	10-15 %	25-30 %	50-60 %

Dos alimentos ofrecen la siguiente información sobre su contenido calórico:

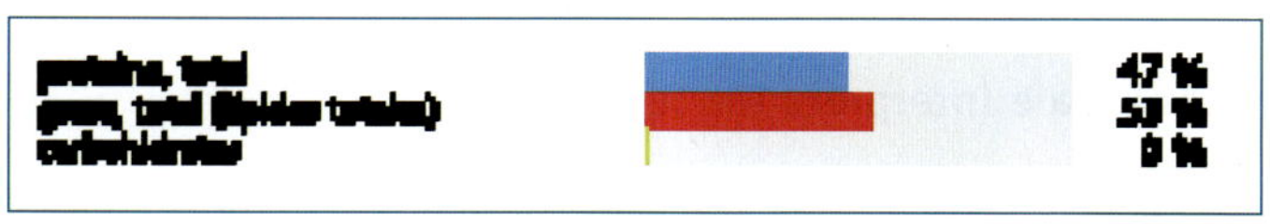

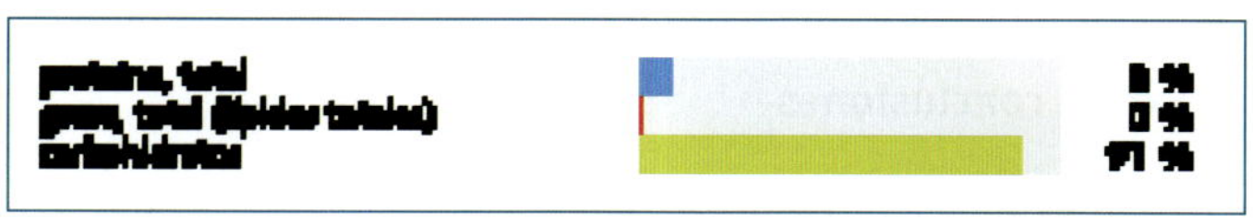

a) ¿Crees que se podría hacer una dieta equilibrada, desde el punto de vista del aporte energético, con uno solo de esos alimentos?

b) ¿Se podría conseguir combinando los dos?

c) Los alimentos son patata asada y lomo de cerdo asado. ¿A cuál corresponde cada dato?

6 Aplica lo aprendido

Un estudiante prepara una disolución de ácido sulfúrico (H_2SO_4) 1 M y otra de hidróxido sódico (NaOH) 2 M.

El H_2SO_4 reacciona con el NaOH para formar sulfato de sodio (Na_2SO_4) y agua (H_2O).

$$H_2SO_4 + NaOH \longrightarrow Na_2SO_4 + H_2O \text{ (no ajustada)}$$

El estudiante añade 100 ml de la disolución de H_2SO_4 a un vaso de precipitado que contiene 80 ml de la disolución de NaOH, con las medidas de protección y la precaución adecuadas.

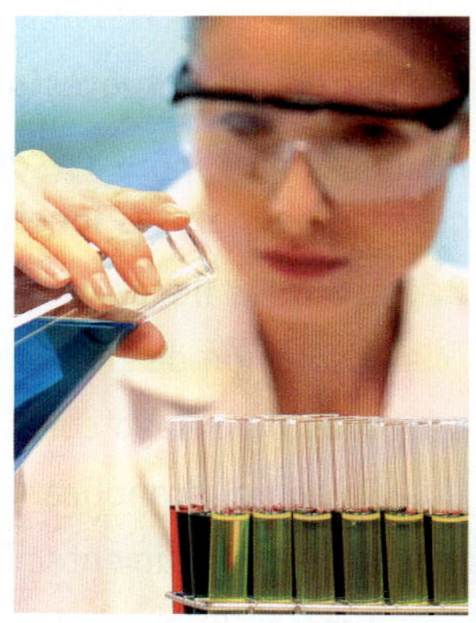

a) Ajusta la reacción.

b) ¿Cuál es la normalidad de ambas disoluciones?

c) ¿De qué tipo de reacción se trata?

d) ¿Se consumen todos los reactivos presentes en las disoluciones? ¿Por qué?

e) ¿Qué cantidad de Na_2SO_4 se produce?

Nota: la masa molar del H_2SO_4 es 98 g · mol^{-1}, la del NaOH es 40 g · mol^{-1} y la del Na_2SO_4 es 142 g · mol^{-1}.

Síntesis. Disoluciones y reacciones químicas

- Las disoluciones están formadas por dos componentes, el disolvente y el soluto, que pueden ser sólidos, líquidos o gaseosos.
- La concentración de una disolución se puede expresar de diversas formas, como el tanto por ciento de soluto o la molaridad.
- Para preparar una disolución se disuelve la cantidad de soluto necesaria en una cantidad pequeña de disolvente. Después se completa con disolvente hasta llegar al volumen final de la disolución.
- Una reacción química es un proceso en el que unas sustancias, los reactivos, se transforman en otras, que son los productos de la reacción.
- Las reacciones químicas se pueden representar por medio de ecuaciones químicas que deben estar correctamente ajustadas.
- Hay muchos tipos diferentes de reacciones químicas, como son las ácido-base, de síntesis, de degradación, de sustitución o de oxidación-reducción.
- El pH es una magnitud que nos permite conocer el grado de acidez o alcalinidad de una sustancia.
- Los alimentos tienen biomoléculas que pueden ser macronutrientes, como los hidratos de carbono, los lípidos y las proteínas, o micronutrientes, como las vitaminas y los minerales.
- Los alimentos deben disponer de un etiquetado que ofrezca una información clara sobre su composición, la presencia de alérgenos o la procedencia.

1 CONSOLIDA LO APRENDIDO

a) ¿Qué es la molaridad? ¿En qué unidades se expresa?

b) ¿A qué se llama normalidad de una disolución?

c) ¿Qué son las propiedades coligativas? ¿Qué es el descenso crioscópico?

d) ¿En qué consiste el ajuste de una reacción? ¿Cómo se hace?

e) ¿Qué se conserva cuando reaccionan dos gases, su masa o su volumen? ¿Por qué?

f) ¿Qué es una reacción de degradación? ¿Y una de oxidación-reducción?

g) ¿Qué es una neutralización? ¿A qué moléculas da lugar?

h) ¿Qué son los macronutrientes? ¿Qué tipos existen?

i) ¿Qué tipo de ácidos grasos son más beneficiosos para la salud? ¿En qué alimentos son más abundantes?

j) Indica qué tipo de molécula es el colesterol y di en qué tipo de alimentos es más abundante.

k) ¿Cómo se puede demostrar la presencia de almidón en productos cárnicos preparados?

l) ¿Por qué debe incluir el etiquetado de un alimento el valor energético que tiene?

DEFINE CONCEPTOS CLAVE

- Concentración
- Mol
- Masa molar
- Reacción química
- Ácido
- Base
- pH
- Electroforesis
- Hidrato de carbono
- Proteína
- Lípidos
- Vitaminas

RESPONDE A LA PREGUNTA INICIAL

¿Cómo se preparan las disoluciones? ¿Qué biomoléculas están presentes en los alimentos?

TÉCNICAS DE ESTUDIO: www.tiching.com/000000

Practica técnicas de estudio a partir de la síntesis.

4 La ciencia en las actividades laborales

¿Cuáles son las aplicaciones científicas en el ámbito profesional?

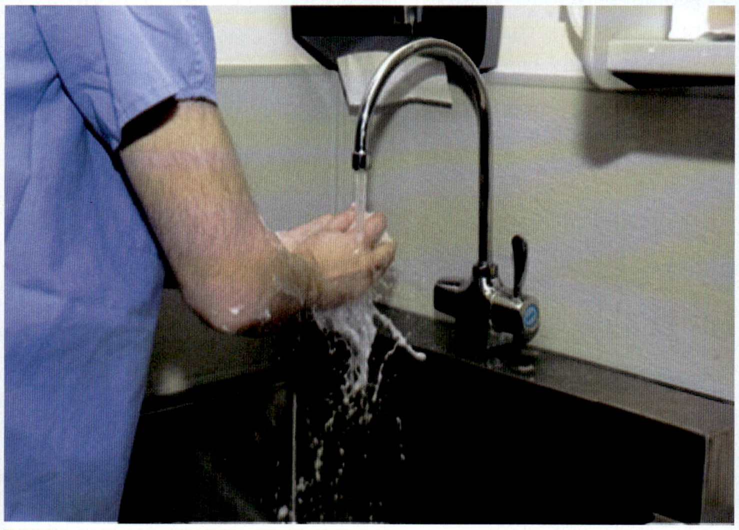

La desinfección es un proceso esencial para controlar la cantidad de microorganismos presentes en áreas de trabajo, como la sanitaria, la farmacéutica o la alimenticia.

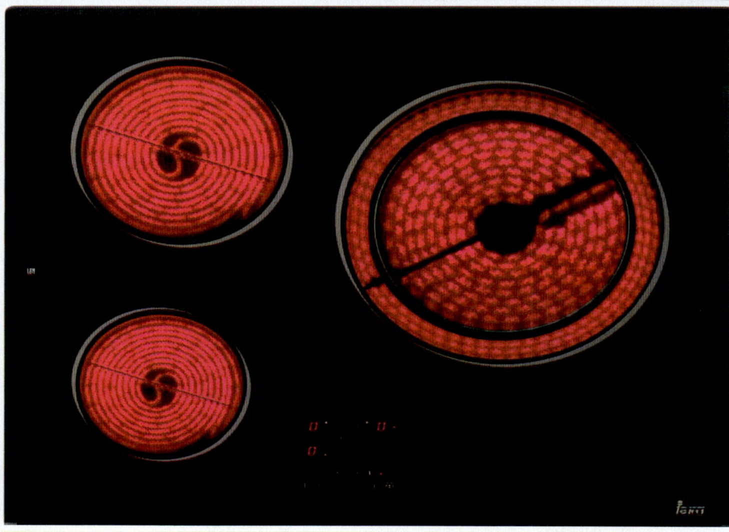

Gracias a la mejora de las técnicas industriales es posible dar nuevas utilidades a materiales usados por las personas desde hace miles de años, como el vidrio.

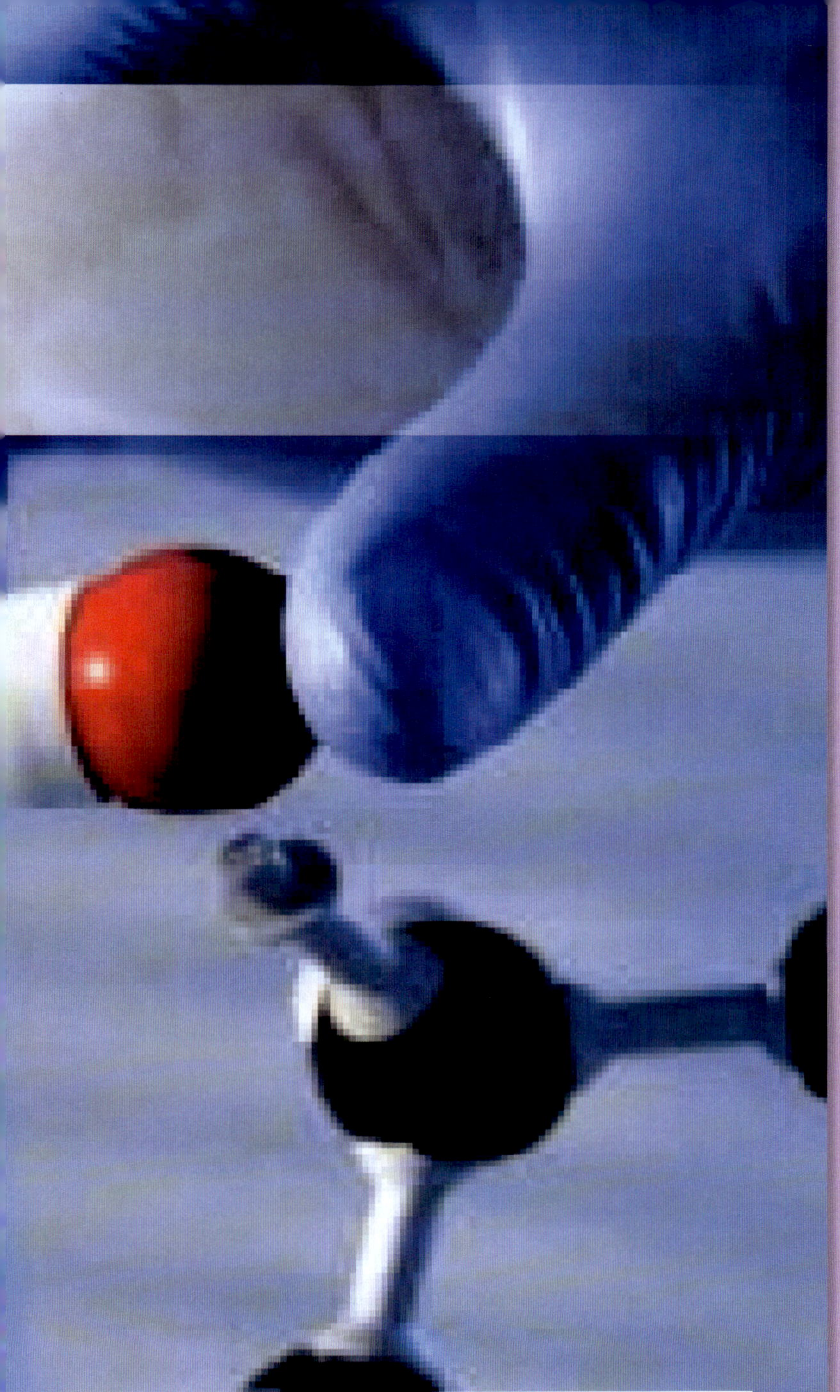

La ciencia es el conjunto de conocimientos sobre el entorno en el que vivimos organizados sistemáticamente y son obtenidos a partir de la observación, la experimentación y el razonamiento.

A partir de la segunda mitad del siglo XIX y a lo largo de todo el siglo XX, los seres humanos hemos adquirido más conocimientos científicos y tecnológicos que en toda nuestra anterior historia, los cuales han dado lugar a notables innovaciones enormemente beneficiosas para la humanidad que se han integrado en nuestras vidas.

Las ciencias básicas –biología, física o química– y las ciencias aplicadas –medicina, ingenierías o tecnología– aportan numerosas aplicaciones en diversas actividades laborales e industriales.

¿Qué sabemos?

- ¿Cómo se pueden eliminar los microorganismos de objetos y superficies?
- ¿Qué tipos de industrias conoces relacionadas con la ciencia?
- ¿Cómo pueden conservarse los alimentos?
- ¿Qué es un medicamento? ¿Y un TAC?

¿Qué aprenderemos?

- Qué es la desinfección y qué tipos de desinfectantes existen.
- Las tecnologías y la ciencia aplicadas al sector sanitario.
- Las materias primas y los procesos de fabricación en la industria farmacéutica.
- Los productos, los materiales y las técnicas empleados en el sector del bienestar y la imagen personal.
- Los procesos de fabricación en las industrias alimentarias.
- Los procesos de fabricación del vidrio.

Los servicios que ofrece el sector del bienestar y la imagen personal contribuyen al cuidado personal y a mejorar nuestro estado físico y el bienestar mental.

1 La desinfección

En los ambientes abiertos exite una gran cantidad de microorganismos, tales como bacterias, virus, hongos y protozoos, que, si tienen a su disposición nutrientes y condiciones ambientales adecuadas, pueden crecer y multiplicarse.

La **desinfección** se basa en una técnica de tratamiento, mediante **procesos físicos** o **químicos**, que se encarga de destruir los agentes patógenos que causan infecciones a la vez que evita el desarrollo de los microorganismos en fase latente o vegetativa que se encuentran sobre objetos inanimados.

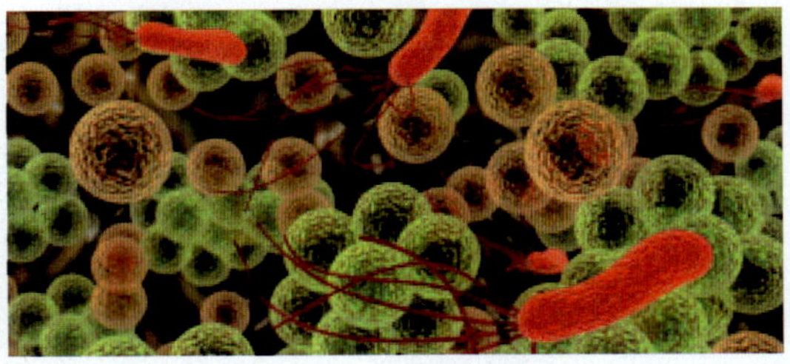

El control de microorganismos es de vital importancia para mantener ambientes higiénicos y así evitar enfermedades infecciosas.

Los desinfectantes

Los **desinfectantes** son los **agentes físicos** y **químicos** utilizados para reducir los microorganismos nocivos a un nivel que no perjudica la salud ni la calidad de los bienes inertes como superficies e instrumentos. Para que un desinfectante resulte **eficaz** debe ser:

- Un poderoso germicida, letal para los microorganismos contra los que se aplica, y de amplio espectro.
- De acción rápida y sostenida. Soluble en agua y alcohol.
- Estable a la dilución y concentración recomendada.
- Inocuo, de olor suave, no tóxico ni potencialmente alérgico.
- De coste bajo o moderado.

Desinfectantes: características

Para que un desinfectante resulte **eficaz** debe ser:

- Un poderoso germicida, letal para los microorganismos contra los que se aplica, y de amplio espectro. De acción rápida y sostenida. Soluble en agua y alcohol.
- Estable a la dilución y concentración recomendada. Inocuo, de olor suave, no tóxico ni potencialmente alérgico. De coste bajo o moderado.

Desinfectantes

Físicos

Los agentes físicos utilizados como desinfectantes en establecimientos e industrias son:

- **Calor.** La aplicación de calor se realiza utilizando **vapor**, al menos durante 5 minutos, para desinfectar superficies de maquinarias u otras de difícil acceso y **agua caliente**, generalmente por inmersión de utensilios y equipos de laboratorio. Se requiere una temperatura no menor a los 80 °C y un tiempo no inferior a los dos minutos.
- **Limpieza manual o mecánica.** Reduce la contaminación con el uso de detergentes y agua a la temperatura adecuada, no más de 45 °C.

- **Radiación ultravioleta.** Puede utilizarse para la desinfección de la piel e instrumental y para purificar el aire, especialmente en los hospitales.

Químicos

Los desinfectantes químicos se utilizan en locales con gran afluencia de público, como los centros de imagen personal y de tratamientos de bienestar, y en lugares altamente sensibles como la industria alimentaria o los hospitales. Los más habituales son:

- **Cloro y compuestos clorados.** Su efecto es rápido sobre una gran variedad de microorganismos.
- **Peróxido de hidrógeno.** Elevada acción germicida, principalmente sobre microorganismos anaerobios.
- **Compuestos de amonio.** Germicidas para limpieza.
- **Yodóforos.** Germicidas muy poderosos y no selectivos.
- **Alcoholes**, como el alcohol etílico. Con acción bactericida, fungicida y virucida.

INVESTIGA EFICACIA GERMICIDA DE LOS DESINFECTANTES

Como la desinfección, en su mayor parte, depende de reacciones químicas, todos los factores que influyen en estas afectarán a la eficacia de un desinfectante. Algunos de los factores que afectan a la eficacia germicida de los desinfectantes son:

- **Temperatura.** Generalmente, al aumentar la temperatura, aumenta la potencia de los desinfectantes.
- **Tiempo de exposición.** Algunos desinfectantes actúan mucho más rápidamente que otros.
- **Concentración relativa del agente.** En una determinada concentración, un desinfectante químico puede tener un efecto letal para un tipo de microorganismo, mientras que solo impide el desarrollo y reproducción de otra variedad.
- **Presencia de materiales extraños.** La existencia de materia orgánica en el material a tratar (sangre, pus, suero, etc.) afecta negativamente a la potencia de algunos desinfectantes, de forma que puede llegar a hacerlos inactivos.
- **pH.** Puede influir en la actividad antimicrobiana. El aumento de pH mejora la actividad de algunos desinfectantes (compuestos de amonio) y disminuir la de otros (hipocloritos).
- **Naturaleza del microorganismo y material a desinfectar.** No todos los microorganismos son igualmente sensibles a los germicidas. En general, los virus animales y los quistes de protozoos son más resistentes.

En las siguientes gráficas se muestran las curvas de desinfección para esporas de la bacteria *Bacillus metiens*, expuestas a la acción germicida del hipoclorito cálcico:

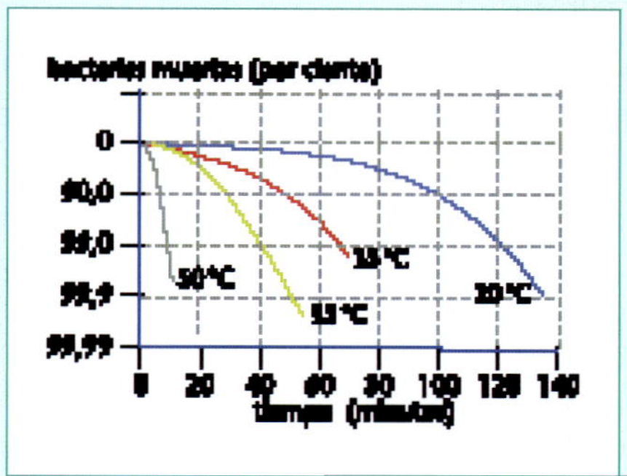

Gráfica 1. Efecto de la temperatura.

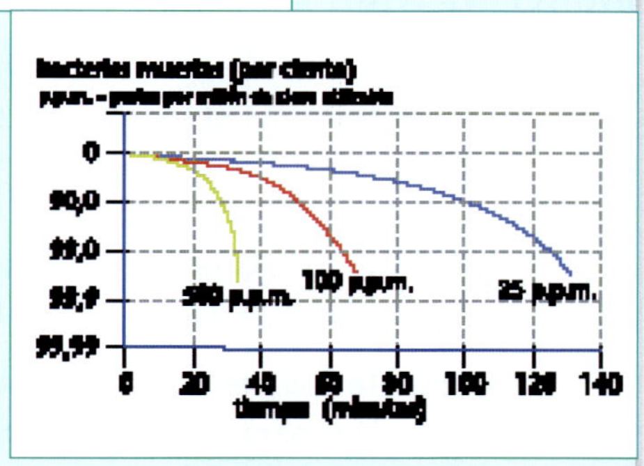

Gráfica 2. Efecto de la concentración del desinfectante.

1. ¿Cómo influye la temperatura en la eficacia germicida?
2. Cuando se incrementa la concentración del desinfectante, ¿aumenta o disminuye su eficacia? ¿Por qué?
3. ¿De qué otros factores depende la acción germicida de un agente desinfectante, como el hipoclorito cálcico?

Cuando se utiliza un desinfectante químico sobre un objeto, hay que tener en cuenta su compatibilidad, ya que algunos germicidas pueden atacar los metales o afectar las gomas o las lentes de determinados instrumentos.

Antes de emplear un desinfectante, es imprescindible asegurarse de que cumple con la normativa vigente y que tiene el registro (HA) que es necesario para poderlo usar en la industria agroalimentaria.

1. ¿Qué es la desinfección? ¿En qué se basa esta técnica?
2. ¿Qué es un desinfectante? ¿Qué es un desinfectante físico? ¿Y uno químico?

Amplía en la Red...

Para saber más sobre la desinfección, entra en:
www.tiching.com/000000
Vídeo: www.youtube.com/watch?v=wySvBBjGqmo

2 El sector sanitario

La definición de salud adoptada por la **Organización Mundial de la Salud (OMS)** desde su constitución no se ha visto modificada hasta ahora. Así, la **salud** se entiende como "un **estado** de **completo bienestar** físico, mental y social, y no solamente la **ausencia** de afecciones o **enfermedades**".

El **sector sanitario** se refiere al conjunto de entidades que velan por ese correcto bienestar y salud de las personas, es decir, que se encargan de la **protección** de la **salud** para que todas las **personas tengan**, o **restauren**, un **equilibrio biológico y social**. Además, dan acceso a los **servicios** necesarios para ello. En España, junto con el Ministerio de Sanidad y los Servicios de Salud de las comunidades autónomas, el Sistema Nacional de Salud es el ente que engloba los servicios sanitarios. Así mismo, se puede realizar una subdivisión entre subsector privado y subsector público.

Modernización en los procesos y en los servicios

Hace varias décadas que el sector sanitario, tanto privado como publico, se **adapta y moderniza constantemente** a la realidad social para intentar **optimizar** sus **resultados** y acercarse a las personas, tanto usuarios como profesionales de la salud. En concreto, en el ámbito sanitario es necesaria una correcta **integración** del **conocimiento científico** y de la **organización de la asistencia** centrada en el paciente para mejorar los procesos y los servicios.

Periódicamente los servicios de ambos subsectores son **evaluados** por auditores externos para **acreditar** el cumplimiento de la **normativa** europea y la **calidad** de los procesos y servicios.

Tecnología y ciencia en el sector sanitario

El **sector sanitario** está totalmente **vinculado** con los **avances científicos y tecnológicos**, pues muchos **investigadores** mundiales ponen sus esfuerzos en **mejorar el conocimiento** para **prevenir** y **tratar** diversas **patologías**.

El sector sanitario: ¿un sector primario, secundario o terciario?

En función de su análisis, la sanidad puede pertenecer al:

- **Sector primario**, debido al uso de la medicina tradicional o de la no industrial.
- **Sector secundario**, puesto que es necesaria la producción de los medicamentos por parte de la industria farmacéutica.
- **Sector terciario**, como consecuencia de los servicios proporcionados por hospitales, clínicas, empresas de seguros, farmacias o laboratorios clínicos a sus usuarios.

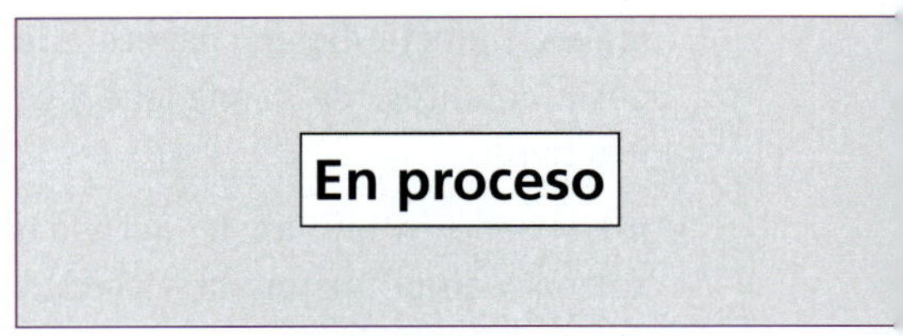

El proceso de gestión de la atención a los pacientes por los servicios sanitarios se ha adaptado a un flujo similar al de una producción en cadena, ya que tiene una línea temporal de actuación marcada.

Pulsioxímetro. Es un método no invasivo que estima el porcentaje de saturación de oxígeno de la hemoglobina en sangre, a partir de la diferencia entre la luz que entra en un receptor y la que sale desde un emisor.

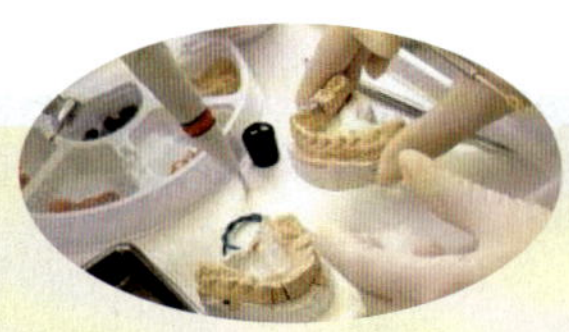

Actuales prótesis dentales. Están elaboradas de distintos tipos de resinas, de aleaciones metálicas y de cerámica, también llamada porcelana.

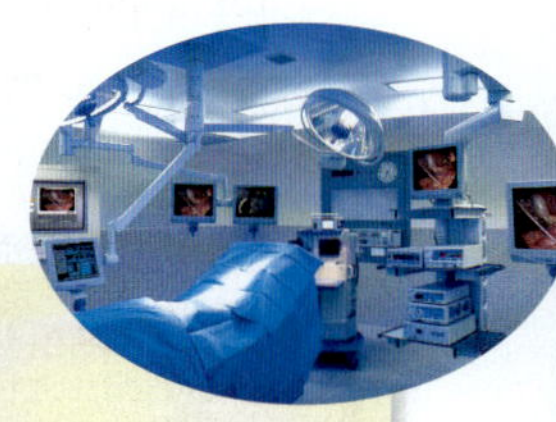

Quirófano, material quirúrgico y técnicas quirúrgicas. Durante el siglo XX han evolucionado a un ritmo vertiginoso. Actualmente incluso se desarrollan microoperaciones utilizando cirugía robótica.

Impresoras 3D. Permiten diseñar prótesis ortopédicas y protecciones anatómicas adaptadas de bajo peso con materiales biocompatibles, como los termoplásticos y las siliconas.

Telemedicina. Las TIC proporcionan soporte para prestar servicios médicos a distancia. Así, un paciente puede registrar su ritmo cardiaco y enviarlo a su cardiólogo en tiempo real.

Ecografía 4D. Gracias a los ecógrafos de cuatro dimensiones se pueden visualizar imágenes tridimensionales en tiempo real.

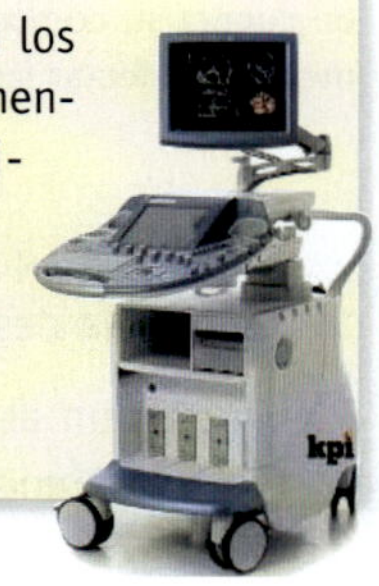

COMPETENCIAS INTERPRETACIÓN DE TÉCNICAS DE IMAGEN EN SANIDAD

Radiografía –prueba anatómica–

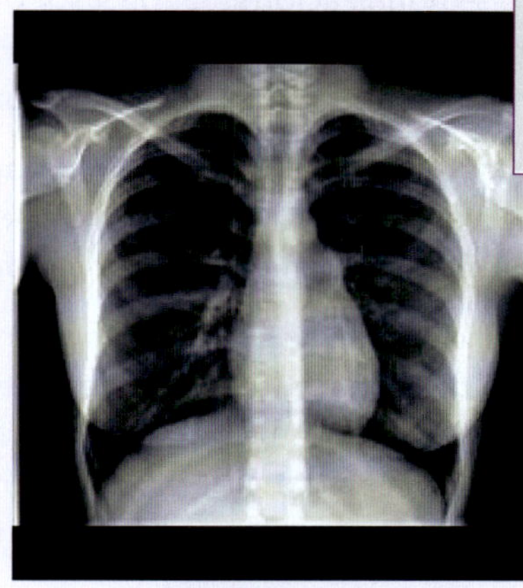

Una **radiografía** es una **lámina impregnada** con cristales de **plata** que se ennegrecen al **oxidarse**, es decir, al ser expuestos a la **luz.** Si ponemos un **objeto** entre esta lámina y la fuente de luz, dependiendo de sus características, **permitirá** el paso a una mayor o una menor **cantidad de luz**. Esta, en las radiografías, se obtiene normalmente de **rayos x**, una fuente de radiación electromagnética.

Son comunes las radiografías abdominales, de tórax, de huesos, de articulaciones o de cráneo.

a) ¿Por qué los huesos se aprecian totalmente blancos mientras que los pulmones presentan un color semitransparente?

Escáner o TAC (tomografía axial computarizada) –prueba anatómica–

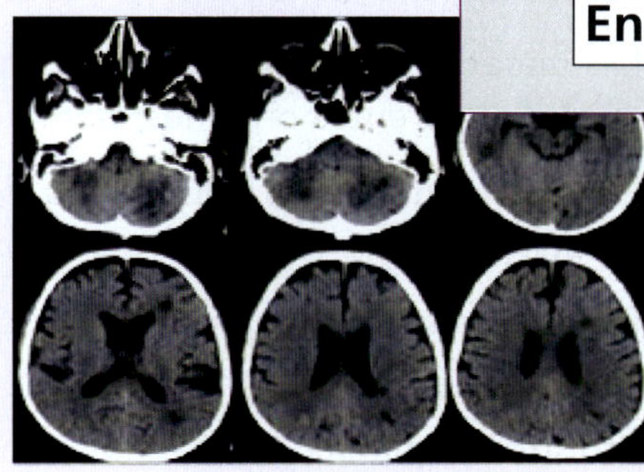

El **TAC** también es una **técnica diagnóstico** por imágenes que utiliza **rayos X**. La principal ventaja frente a la radiografía es la posibilidad de **tomar imágenes** de distintos cortes del objeto que está siendo analizado y así crear **imágenes transversales**.

En medicina el uso del TAC se utiliza principalmente en la exploración de cánceres, coágulos de sangre y hemorragias cardiacas.

a) Busca información y descubre por qué en algunas pruebas el paciente recibe un tinte de contraste.

Imagen de resonancia magnética (IRM) o TRM (tomografía por resonancia magnética) –prueba funcional–

Las **IRM** se obtienen a partir de un gran imán, que crea un campo electromagnético; un escáner, que emite y recibe ondas de radio; y un ordenador que procesa la información. Por tanto, **no utiliza radiación ionizante** para crear las imágenes.

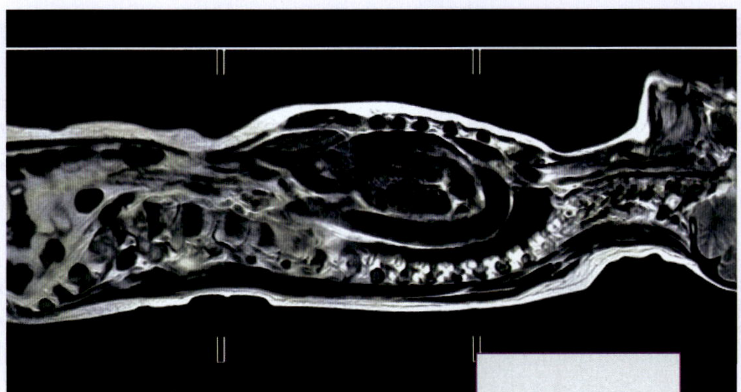

El funcionamiento se basa en cambios de posición en los protones del cuerpo estudiado como consecuencia del **campo electromagnético**. Cuando deja de emitir estas ondas, los protones vuelven a su posición inicial liberando energía en forma de ondas de radio recogidas por el escáner.

a) Investiga y descubre el principal uso de las IRM.

1. Pon tres ejemplos de actividades relacionadas con el sector sanitario y que puedan ser incluidas dentro del sector primario, tres dentro del sector secundario y tres dentro del sector terciario.
2. Busca información sobre la OMS y define su función.
3. ¿Qué diferencia existe entre el subsector privado y el subsector público en la sanidad en España?
4. ¿Cuál es la principal diferencia que existe entre las imágenes obtenidas por radiografía, por escáner y por resonancia magnética?

3 La industria farmacéutica

La industria farmacéutica es un elemento fundamental en los sistemas de asistencia sanitaria de todo el mundo. Está formada por múltiples organizaciones públicas y privadas que se dedican al **descubrimiento**, **desarrollo**, **fabricación** y **comercialización** de **fármacos** y **medicamentos** para la **salud humana** y **animal**.

Su base es la investigación y desarrollo (I+D) de **medicamentos** para prevenir o tratar las diferentes enfermedades y lesiones causadas por un golpe, una herida, una enfermedad, etc.

Los principios activos que se emplean en los medicamentos muestran una gran diversidad de actividades farmacológicas y propiedades toxicológicas. Los modernos avances tecnológicos y científicos incrementan el descubrimiento y desarrollo de nuevos productos farmacéuticos con mejores actividades terapéuticas y menos efectos secundarios.

Mercado farmacéutico

En los países desarrollados, en los que las enfermedades están relacionadas con dolencias específicas y el envejecimiento, los productos farmacéuticos más solicitados son los destinados al tratamiento del sistema nervioso central, el sistema cardiovascular y el sistema digestivo, y los antidiabéticos, los antiinfecciosos y los quimioterápicos. En los países en vías de desarrollo, en los que existen enfermedades infecciosas y predomina la malnutrición, los fármacos más demandados son los antiinfecciosos, los suplementos nutricionales y las vitaminas.

Materias primas en la industria farmacéutica

Las materias primas que se usan en la industria farmacéutica pueden tener diferentes orígenes, por lo que se clasifican en:

- **Productos naturales.** Obtenidos de plantas (principios activos) y de animales (por ejemplo, venenos).
- **Productos químicos industriales.** Sirven de reactivos, ingredientes activos, catalizadores, solventes y aditivos.
- **Productos químicos sintéticos.** Producidos mediante técnicas microbiológicas y químicas.

Proceso de fabricación en la industria farmacéutica

En la industria farmacéutica se pueden distinguir dos líneas de fabricación: la **producción básica** de **principios activos a granel** y la **fabricación farmacéutica de formas galénicas** o forma de dosificación del producto farmacéutico: jarabes, elixires, ampollas, cápsulas, comprimidos, polvos, granulados y aerosoles.

En el proceso de fabricación de un principio farmacológicamente activo se emplean tres tipos de tecnologías: **síntesis de productos químicos orgánicos, fermentación y extracción biológica y natural**.

Síntesis química
La síntesis de productos químicos se realiza en el interior de unos recipientes llamados **reactores químicos**, donde, mediante una serie de reacciones químicas, se producen **principios activos** o sustancias a las que se debe el efecto farmacológico de un medicamento.

Fermentación
Este proceso bioquímico se realiza en tanques llamados **fermentadores**. En este tipo de tecnología se usan microorganismos seleccionados y diversas técnicas microbiológicas para obtener **antibióticos**, **vacunas**, **vitaminas** y **esteroides**.

Extracción biológica y natural
A partir de diferentes técnicas (**decocción**, **maceración** o **infusión**) se extraen de animales y plantas numerosos principios activos. Por ejemplo, del tejo se extrae el taxol; de la digital, la digitalina; y de la adormidera, la morfina.

En proceso

COMPETENCIAS ETIQUETADO DE LOS MEDICAMENTOS

Los **fármacos** son sustancias con propiedades farmacológicas en personas y animales. Se mezclan con otras sustancias, como los **excipientes farmacéuticos** (componentes auxiliares e inertes, como por ejemplo el almidón) para obtener **medicamentos**.

Los medicamentos, una vez fabricados, son sometidos a una serie de operaciones denominadas **envasado** y **acondicionamiento**, cuya finalidad es asegurar la conservación durante su tiempo de vida útil, manteniendo intactas sus propiedades y garantizando que lleguen al consumidor final en óptimas condiciones de seguridad, estabilidad y eficacia.

El **envase de venta** está destinado al usuario final y está formado por el **envase inmediato**, que contiene el medicamento, y el **envase externo** o **caja**, que reúne en su interior el envase inmediato y el **prospecto** que contiene toda la información necesaria sobre las características del medicamento.

1. ¿Cómo se interpreta un prospecto?

Partes del prospecto	Ejemplos
1. COMPOSICIÓN Las sustancias que componen el medicamento.	Cada comprimido contiene: Ácido acetilsalicílico 100 mg Excipientes c.p.s. 120 mg
2. INDICACIONES Enfermedades que cura.	Dolor de cabeza, fiebre, gripe, resfriados y dolores de oídos.
3. POSOLOGÍA Cuántas veces hay que tomar el medicamento.	La dosis es un comprimido al día después de las comidas.
4. CONTRAINDICACIONES Nos dice cuándo no podemos tomar el medicamento.	Está contraindicado en úlcera duodenal y gástrica.
5. EFECTOS SECUNDARIOS Problemas que puede originar el medicamento.	El ácido acetilsalicílico puede ocasionar erupciones cutáneas y vértigos.
6. INTERACCIONES Problemas que se pueden producir cuando se toman varios medicamentos a la vez.	No usar con otros medicamentos sin consultar al médico.

- Indica en qué parte del prospecto leerías las frases:
  - La dosis en adultos es de un comprimido, 3-4 veces al día, disuelto en agua.
  - La sintomatología en caso de sobredosis incluye zumbido de oídos, visión borrosa, cefaleas, mareos.
  - Alivio sintomático de los procesos catarrales y gripales, que cursan con dolor leve o moderado.
  - Este medicamento no está indicado en niños menores de 12 años.

2. ¿Qué pone la caja de un medicamento?

Realiza un informe en formato Power Point, Word o Prezi sobre la información que nos aporta el envase externo o caja de un medicamento.

Para ello, busca información utilizando las Tecnologías de la Información y Comunicación (TIC) del significado, entre otros, de los siguientes aspectos:

- Siglas y símbolos que presenta.
- Nombre comercial.
- Dosis y principio activo.
- Presentación y cantidad.
- Cícero, visado, cupón y alertas.
- Código nacional.
- Lote y caducidad.

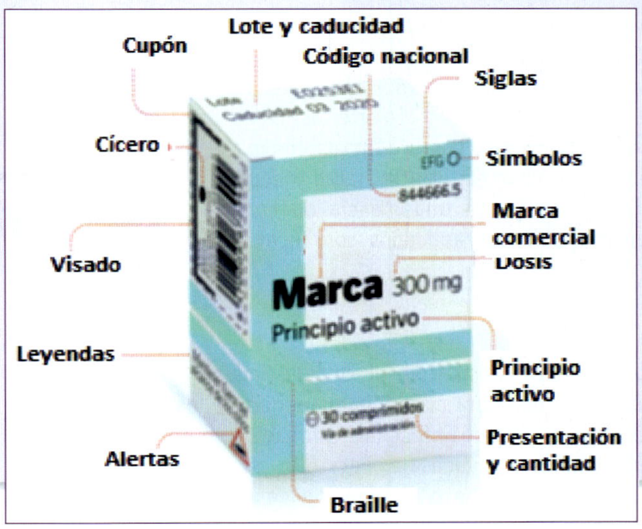

1. ¿De qué se encarga la industria farmacéutica?
2. Enumera las materias primas que se pueden utilizar en la industria farmacéutica.
3. ¿Qué líneas de fabricación sigue la industria farmacéutica? ¿Cuáles de esos productos se venden en las farmacias?
4. Define: fármaco, excipiente y medicamento.

4 Sector del bienestar y la imagen personal

La creciente preocupación de las personas por su aspecto físico es un factor que condiciona de manera importante el **sector del bienestar y la imagen personal**. Este hecho ha favorecido que en el sector aumenten los distintos tipos de empresas que ofrecen los servicios de peluquería, estética y tratamientos del bienestar a casi todas las áreas de la población. Las actividades de estos profesionales se pueden realizar de forma autónoma o en peluquerías y salones de belleza, así como en salas de peluquería y/o estética, gimnasios o centros de belleza de hospitales, balnearios, hoteles y residencias de personas mayores.

El sector del bienestar y la imagen personal está influenciado por la moda y la aparición de nuevos estilos y tendencias, junto con nuevos productos cosméticos, técnicas de aplicación y aparatología novedosa y en constante progreso.

Este sector aplica **técnicas de limpieza, cambios de color y forma al cabello**, así como técnicas básicas de **maquillaje**, **depilación**, **manicura** y **pedicura** y utiliza los productos, aparatos y métodos de higiene, desinfección (física y química) y esterilización más adecuados, en función del tipo de contaminantes y de los materiales empleados en los equipos, útiles, aparatos, mobiliario e instalaciones.

Cosméticos y pefumería

Un **cosmético** es un producto que se usa para la higiene personal o para mejorar la apariencia. El campo de la cosmética también comprende la **perfumería**, que se ocupa del sentido del olfato y que hoy es un componente común en muchos productos de belleza.

Algunas **categorías** de cosméticos son:

- Productos capilares.
- Productos para el maquillaje y desmaquillaje de uñas, ojos y labios.
- Productos antiarrugas.
- Jabón de tocador, jabón desodorante.
- Perfumes y aguas de colonia.
- Productos para baño y ducha.
- Desodorantes y antitranspirantes.
- Productos para el afeitado.
- Productos para cuidado dental y bucal.

Productos, materiales y técnicas de peluquería y estética

Actualmente se utilizan productos, materiales y técnicas menos agresivos para la piel, el cabello y las uñas.

Tratamiento del cabello

Los tratamientos del cabello tienen como **finalidad** asesorar sobre posibles cambios personales, mediante la higiene, el cuidado y la transformación estética del cabello con cambios en el color, la forma y en el corte, así como en la manera de peinarlo y recogerlo. Los **productos** empleados, como champús, tintes, lacas o acondicionadores, son una mezcla de compuestos químicos aplicados con técnicas y útiles específicos.

Maquillaje

Los **maquillajes** son mezclas de compuestos químicos, algunos derivados de fuentes naturales, como seda, talco, sílice o mica, y otros muchos son sintéticos. Algunos **productos de maquillaje** son limpiadores; tónicos; cosméticos decorativos de ojos, pestañas, cejas, labios y mejillas; mascarillas para el rostro y exfoliantes. Los **útiles** y las **herramientas** que se emplean en las diversas técnicas de maquillaje son: brochas, pinceles, esponjitas sintéticas y peines para cejas.

La **manicura** consiste en el embellecimiento y cuidado de las manos. La **pedicura** mejora la apariencia de los pies y sus uñas. Consiste en una desinfección, exfoliación, tratamiento de cutícula y uñas y un masaje. Para ello, se realiza una limpieza, exfoliación, empuje o eliminación de cutícula, limado, pulido y/o esmaltado de uñas y por último un masaje de manos y pies.

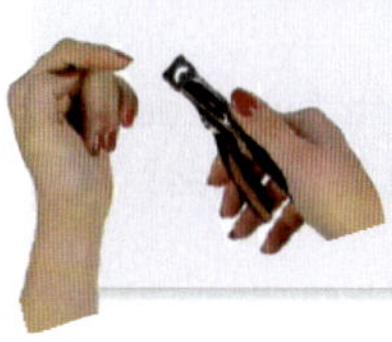

Los **cosméticos** e **instrumentos** que se usan son: esmaltes diversos, tijeras, cortaúñas, pinza y lima para uñas, piedra pómez y removedor de cutícula y de callos.

Depilación del vello superfluo

Esta disciplina estética consiste en eliminar el vello de alguna zona del cuerpo. Además de la **depilación con cera**, aplicada con espátulas y bandas de papel, existen otras **técnicas depilatorias** más **avanzadas: fotodepilación con luz pulsada** (a), **depilación con láser** (b) y **depilación eléctrica** (c).

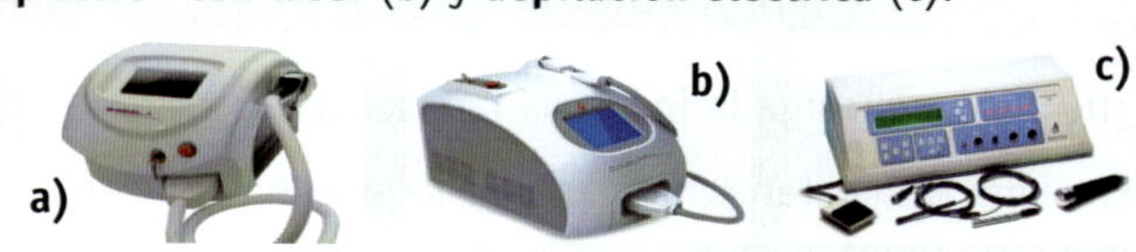

PROYECTO LA QUÍMICA DE LA COSMÉTICA

Con estas actividades prácticas podrás fabricar perfumes y cosméticos con medios artesanales y por procedimientos sencillos.

Perfumes: obtención de agua de rosas

Material

- 20 gotas de esencia de rosas.
- 2,5 g de carbonato de calcio ($Ca\ CO_3$) en polvo.
- 5 gr de carbonato de magnesio ($Mg\ CO_3$) en polvo.
- 1 litro de agua destilada.
- Mortero, embudo, papel de filtro y 2 botellas de 1 litro limpias.

Procedimiento

1. Mezclar en el mortero la esencia de rosas con el carbonato de calcio y el carbonato de magnesio.
2. Diluir la mezcla en un poco de agua destilada y ponerla en una de las botellas de litro, procurando echar todo el residuo.
3. Terminar de llenar la botella con agua destilada, tapar bien y agitar enérgicamente durante 5 minutos.
4. Dejarlo reposar durante unos días, y transcurrido este tiempo, filtrar y envasar en la otra botella. Colocar una etiqueta con el nombre de agua aromática y la fecha de elaboración.

Cuidado del cuerpo: crema hidratante y nutritiva

Material

- 2 cucharadas de postre de miel.
- 1 clara de huevo.
- Unas gotas de aceite de almendra.
- Recipiente para hacer la mezcla.
- Un envase para conservar la crema.

Procedimiento

1. Batir la clara a punto de nieve y mezclar con la miel. Añadir a la mezcla el aceite de almendras.
2. Remover todo y obtener una mezcla homogénea.
3. Verter la crema en un envase para conservar y etiquetar.

Piensa

1. Las aguas aromáticas y las esencias se envasan en recipientes de vidrio opacos y se mantienen en lugares frescos y poco accesibles a la luz, ¿cuál crees que es la razón?

Tratamientos del bienestar

Los tratamientos del bienestar o *wellness* engloban una serie de servicios relacionados con el estado físico y el bienestar mental de las personas. Muchas de las actividades que forman parte de este sector están destinadas al cuidado personal, como por ejemplo, los servicios de relajación, las terapias alternativas (aromaterapia, vinoterapia, chocoterapia y terapias termales, entre otras) o las actividades deportivas de baja intensidad.

En el Antiguo Egipto ya se utilizaban cosméticos. Los sacerdotes egipcios se depilaban todo el cuerpo utilizando cera y navajas de sílex, hierro y cobre.

@ Amplía en la Red...

Para saber más sobre el bienestar, entra en:
www.tiching.com/000000
www.youtube.com/watch?v=T&LChGtWo

1. Enumera las técnicas que se aplican en el sector del bienestar y la imagen personal.
2. ¿Qué es un maquillaje? Enumera alguna de las fuentes naturales usadas en su elaboración.

5 Las industrias alimentarias

Existen pocos alimentos que se puedan consumir de la manera en que se producen.

Las **industrias alimentarias** engloban un conjunto de actividades industriales destinadas al tratamiento, la transformación, la preparación, la conservación y el envasado de productos alimenticios para las personas y para los animales.

Las **materias primas** de estas industrias son, principalmente, productos de origen animal, de origen vegetal y fúngico y se producen en **exploraciones** agrarias, ganaderas y pesqueras.

Sectores de la producción alimentaria

- Industrias cárnicas.
- Industrias pesqueras.
- Industrias lácteas.
- Industrias derivadas de los cereales.
- Industrias de azúcares y alcoholes.
- Industrias del agua y de las bebidas no alcohólicas.
- Industrias avícolas.
- Industrias del aceite.

Procesos de fabricación en la industria alimentaria

Aunque existe una gran diversidad de industrias alimentarias, los procesos de fabricación pueden dividirse en: la manipulación y el almacenamiento de materias primas, la extracción, la elaboración, la conservación y el envasado.

La **manipulación** de las materias primas, los ingredientes empleados en la elaboración y los productos terminados es muy diversa. En la actualidad tiende a reducirse la manipulación manual mediante la mecanización y automatización.

El **almacenamiento** de materias primas está orientado a minimizar el efecto de estacionalidad de productos alimentarios.

Suele realizarse en silos, bodegas, tanques y cámaras frigoríficas.

La **extracción** de un alimento determinado de los cereales, la fruta o los líquidos puede realizarse mediante la molienda, el machacado o la trituración, extracción por calor, empleo de disolventes, secado y filtrado.

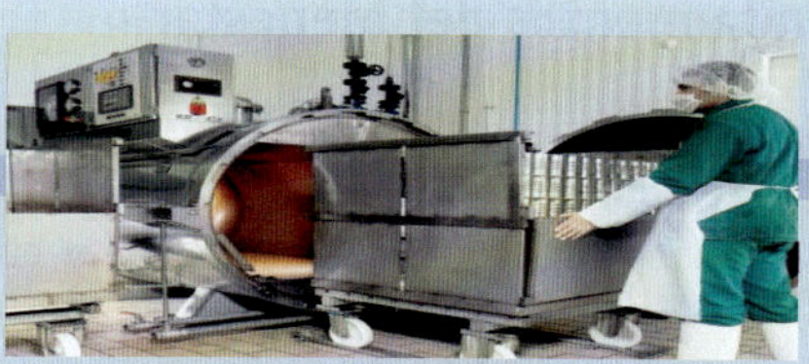

Los **procesos de elaboración de alimentos** son muy diversos. Algunos de los más empleados son:

- Las **fermentaciones**, que se basan en las reacciones bioquímicas que realizan ciertas bacterias y levaduras. Se utilizan, por ejemplo, en la industria del vino y en la industria láctea.
- La **cocción**, que interviene en procesos como la fabricación de cerveza, pan y galletas.

Los **procesos de conservación** se emplean para detener la actividad de los microorganismos y evitar el deterioro de los productos alimenticios. Destacan:

- **Conservación por calor**, mediante esterilización y pasteurización, proceso térmico aplicado a los líquidos.
- **Conservación por frío**, como la refrigeración y la congelación.
- La **salazón**, conservación en sal.
- El **ahumado**, mediante humo.

El **envasado** se puede realizar mediante numerosos métodos, como por ejemplo:

- **Enlatado**, en latas cerradas herméticamente y sometidas a un proceso de calentamiento uniforme.
- **Envasado por congelación**, aplicado a frutas, carnes, etc.
- **Envasado al vacío**, extrayendo el aire que rodea al producto a envasar.
- **Envasadora Tetra Pack**, para alimentos líquidos.

PROYECTO TÉCNICAS ALIMENTARIAS

Proceso de elaboración de alimentos. Fabricación de yogur artesanal

Desde tiempos remotos, ciertos microorganismos se usan en la elaboración de diferentes tipos de alimentos a través de un proceso conocido como fermentación, en el que liberan moléculas orgánicas al medio donde se desarrollan. Algunas de esas moléculas tienen utilidad para las personas, como el ácido láctico, que se usa en la fermentación láctica, y el alcohol etílico, utilizado en la fermentación alcohólica.

Uno de los microorganismos más utilizados son las levaduras, sobre todo las del género *Sacharomyces*, que son muy importantes en la elaboración del pan, el vino y la cerveza.

Las bacterias del ácido láctico constituyen un amplio conjunto de microorganismos, que a partir de los azúcares de la leche (lactosa), originan ácido láctico como producto final del proceso de fermentación. Se utilizan, sobre todo, para la obtención de productos lácteos fermentados, como el queso, la mantequilla, el yogur o el kéfir.

Material

- 250 ml de leche fresca.
- Un yogur natural comercial.
- Una cuchara y una cazuela metálica.
- Una nevera de camping u otro recipiente aislado.
- Envases de plástico con tapa limpios.
- Refrigerador.

Procedimiento

1. Calentar agua hasta su ebullición en una cazuela, meterla en la nevera de camping y cerrar.
2. Calentar la leche hasta los 85 °C durante 30 minutos (casi a punto de hervor). Apagar el fuego y dejar que se vaya enfriando hasta que la leche esté tibia (entre 40 y 45 °C).
3. Agregar 2 cucharadas de yogur y revolver bien.
4. Traspasar la mezcla a los envases con tapa.
5. Colocar los envases en la nevera junto con la cazuela con agua caliente y tapar inmediatamente.
6. Dejarlo todo en absoluto reposo durante 4 a 6 horas.
7. Llevar los envases al refrigerador. Al cabo de 3 a 4 horas se habrá fabricado un yogur artesanal.

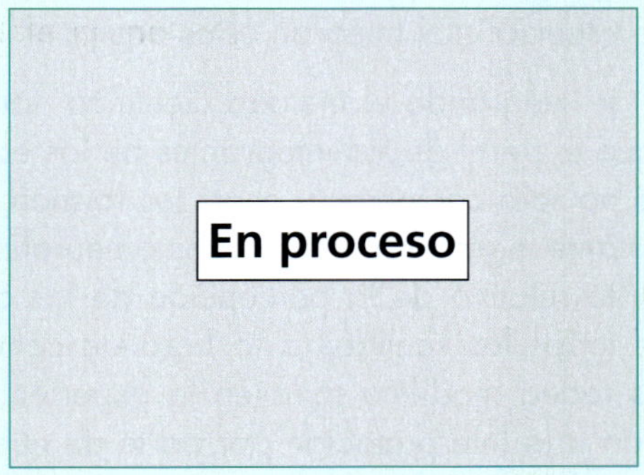

La leche contiene *Lactobacillus* y *Streptococcus*, bacterias que se nutren a expensas de la lactosa y la transforman en ácido láctico.

Conclusiones

1. ¿Con qué objeto se calienta la leche hasta los 85 °C durante 30 minutos?
2. ¿Para qué se agrega el yogur comercial a la leche?
3. Si los envases a los que se va a traspasar la mezcla no se adquieren estériles, ¿cómo se logra eliminar de ellos los microorganismos que pueden contener?
4. ¿Por qué crees que se deben dejar los envases en un recipiente cálido entre 4 a 6 horas?
5. ¿Qué ocurriría si durante el proceso de fermentación se agita el contenido de los envases?
6. ¿Cuál es la razón por la que, para finalizar la elaboración del yogur, los envases se meten en el refrigerador durante un periodo de tiempo de 3 a 4 horas?

---

1. Enumera el conjunto de actividades que engloban las industrias alimentarias.
2. ¿Cuáles son las principales materias primas que se utilizan en este tipo de industrias? ¿En qué clase de explotaciones se producen?
3. ¿Qué procesos de fabricación tienen lugar en las industrias alimentarias?
4. ¿Qué diferencia existe entre los procesos de fermentación y de pasteurización? ¿Y entre la cocción y el enlatado? ¿Qué tipos de alimentos se envasan en Tetra Pack?

Ciencia en la cocina, cocina con ciencia

Casi cualquier tipo de actividad humana en nuestra sociedad está bajo el influjo de la ciencia. La cocina también es una de ellas. Durante los últimos años ha ocurrido una revolución en la cocina de muchos restaurantes, basada en la aplicación del método científico, que las ha convertido casi en un laboratorio de química y que ha dado lugar a la *culinología* o cocina molecular también denominada gastronomía física, fusión de la ciencia de la alimentación con el arte culinario. Pero no sólo eso, además de buscar nuevos sabores, colores, olores, texturas y experiencias, la ciencia ha permitido la invención de múltiples utensilios electrónicos indispensables en muchas cocinas del mundo.

A UN GRUPO CIENTÍFICO MULTIDISCIPLINAR INESPERADO

España es uno de los países más vanguardistas e innovadores en la cocina. Muestra de ello es la importancia de los cocineros españoles y sus equipos multidisciplinares en todo el mundo, pero... ¿sabrías decir qué especialistas integran estos equipos?

La cocina, al ir integrando el método científico, también ha hecho que se modifique el perfil de los integrantes de los equipos de trabajo. Hoy en día no solo cocineros y chefs los forman, también tienen un papel importante ingenieros, psicólogos o neurofisiólogos. Esto se debe al concepto relativo de la percepción de los alimentos y a la implicación de todos los sentidos a la hora de comer, pues el ambiente que nos rodea modifica también la experiencia gustativa de un plato. Debido a la interpretación por parte de nuestro cerebro de los gustos de los alimentos, la experiencia puede variar.

Ferran Adrià y su equipo multidisciplinar se han convertido en un referente a nivel mundial creando experiencias culinarias mediante la aplicación del método científico.

B LAS PRIMERAS CIENTÍFICAS EN LA COCINA

Uno de los principios del método científico es la observación y la experimentación. Así, muchas de las técnicas culinarias se aprendían con la práctica o viendo cocinar a otra persona con más conocimientos. De esta manera nuestras abuelas nos han ensañado "sus trucos de cocina", que en realidad eran principios químicos.

Un ejemplo de estos principios químicos está en la aceleración de la maduración de la fruta, cuando en una bolsa se introducen piezas de fruta verde con otras maduras. Este proceso se debe al compuesto gaseoso que desprenden las frutas maduras, el etileno.

C UN PICOR BACTERIDA MILENARIO

Una de las cocinas con un mayor auge y desarrollo comercial mundial es la japonesa. Sin embargo, sus técnicas son milenarias y casi todas se mantienen en nuestros días. Uno de sus platos más característicos, el sushi, se prepara con pescados crudos o marinados. Este viene acompañado por un condimento en forma de pasta de color verde elaborado a partir de una raíz de un rábano de color blanco llamado wasabi.

El wasabi tiene un picor intenso y característico, que sube por las fosas nasales y produce lagrimeo y mucosidad en la nariz. Su función no es la de proporcionar el picor a la salsa de soja con la que se suele mezclar, ni aportar sabor, su principal uso es como bactericida frente a las bacterias del pescado crudo, como la salmonela o el cólera.

D EL HORNO MICROONDAS

Palomitas de maíz

Cuando Percy Spencer, en 1945, comenzó sus investigaciones con el radar no se imaginaba que iba a inventar uno de los electrodomésticos más utilizados del siglo XX, el microondas.

Un día Spencer llevaba una chocolatina en su bolsillo que se derritió mientras trabajaba. Rápidamente pensó que podría deberse al uso del magnetrón, un dispositivo que transforma la energía eléctrica en electromagnética en forma de onda, con el que experimentaba, por lo que decidió probar con unos granos de maíz. En cuanto acercó los granos al dispositivo y subió las ondas de potencia, obtuvo unas ricas palomitas de maíz.

¿Cómo funciona un horno de microondas?

Las ondas microondas son un tipo de radiación con propiedades particulares. Debido a su naturaleza, son absorbidas por las moléculas de agua, los azúcares y algunas grasas, haciéndolas vibrar y rotar rápidamente, por lo que aumenta su temperatura interna.

Así, el calor se genera dentro del propio alimento y no desde fuera, por lo que el agua se evapora desde el interior del alimento hacia el exterior.

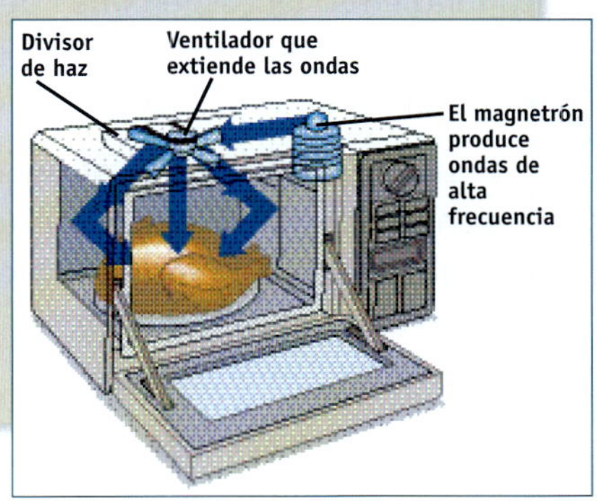

E EL USO DE LAS EMULSIONES: LA MAYONESA

Cuando en una mezcla heterogénea un líquido se dispersa en diminutas gotas sobre el otro recibe el nombre de emulsión. La mayonesa es un ejemplo.

Sus componentes son aceite, un medio acuoso, y la yema del huevo, que contiene un emulsionante que proporciona estabilidad a la mezcla e impide que unas gotas se unan a las otras. Cuando una mayonesa se "corta", es porque las gotas de aceite se unen unas a otras.

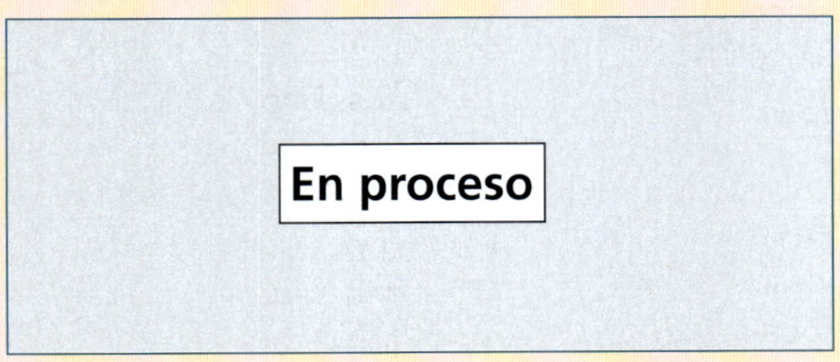

F UNA CÁSCARA DE HUEVO DISTINTA

El huevo está formado por una cáscara (constituida fundamentalmente por carbonato de calcio, $CaCO_3$), una clara (agua y proteínas) y una yema (rica en lípidos, proteínas y agua). Si sumergimos el huevo durante 48 horas en una disolución de ácido acético en agua con una concentración no superior al 5 %, es decir, en vinagre, entran en contacto el carbonato de calcio con el ácido acético y se produce una reacción que da lugar a ácido carbónico que se descompone en agua y CO_2. Por otro lado, el calcio y el acetato dan lugar a acetato cálcico. Esta reacción se prolonga en el tiempo hasta que desaparece el carbonato por completo, por lo que la cáscara del huevo desaparece. Además, el ácido acético se difunde y entra en contacto con la clara, lo que produce un descenso de su pH y desnaturaliza sus proteínas, que se convierten en una capa más gruesa y elástica.

1. Desde la antigüedad las personas han utilizado productos químicos para modificar las propiedades de los alimentos, los potenciadores de sabor son un ejemplo de ellos, ¿sabrías decir qué son los potenciadores de sabor y cuáles son sus propiedades?
2. Busca información y descubre por qué lloramos al cortar cebolla.
3. ¿Qué relación hay entre la cocina y la química?
4. ¿Por qué actualmente los equipos culinarios de los restaurantes vanguardistas tienen especialistas en distintos ámbitos?
5. Busca información y pon otro ejemplo de plato basado en una emulsión.

7 La industria del vidrio

El **vidrio** es un material transparente o translúcido, duro y quebradizo. No tiene estructura cristalina, por lo que se dice que es un sólido amorfo, ni tiene punto de fusión definido. Se ablanda dentro de un intervalo de temperaturas más o menos amplio.

No es un compuesto sino una **mezcla**, puesto que su composición puede ser muy diversa: se emplean múltiples fórmulas para fabricar vidrios con características muy variadas.

Fundamentalmente es una mezcla de silicatos complejos. Se fabrica fundiendo juntos, en unas determinadas proporciones, carbonato de sodio, carbonato de calcio y sílice. La mezcla u "hornada" también contiene un sobrante de vidrio de fundiciones anteriores.

Los vidrios de color se obtienen añadiendo a la masa de vidrio en fusión óxidos metálicos que originan silicatos coloreados. Por ejemplo, el cobalto (Co) forma vidrio azul; el manganeso (Mn), violeta; el selenio (Se), naranja, y el cromo (Cr), verde.

Sectores del vidrio

Vidrio para envases.

Vidrio doméstico.

Vidrio plano.

Fibra de vidrio.

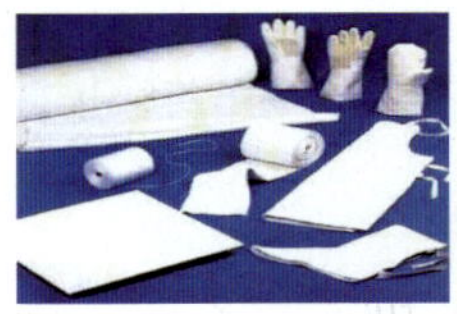
Fibras cerámicas.

Lanas minerales.

Frita.

Vidrios especiales.

Proceso de fabricación del vidrio

El **sector del vidrio** es sumamente diverso. Está constituido por diferentes actividades industriales que se agrupan en subsectores en función de los productos que fabrica, aunque existe un cierto grado de superposición entre ellos.

Las **técnicas** de **producción** que utiliza la industria del vidrio son muy variadas. La mayoría de los procesos de fabricación que se emplean se pueden dividir en cinco fases básicas: **preparación de la materia prima**, **fundición**, **conformación**, **procesos finales** y **embalaje**.

Proceso de fabricación de envases de vidrio

1. **Preparación de la materia prima.** La fuente principal de sílice es la arena; la sosa proporciona el carbonato de sodio; y la cal suministra el carbonato de calcio. A esta mezcla se le añade vidrios rotos (calcín) para ahorrar materia prima.
2. **Fundición.** La mezcla de materias primas y calcín se funde en hornos a una temperatura cercana a los 1 500 °C. Este proceso es una compleja combinación de reacciones químicas y procesos físicos en el que se obtiene vidrio fundido.
3. **Conformación.** El vidrio fundido es transportado hasta las máquinas de conformado donde se da forma al envase de vidrio hueco con unos moldes.
4. **Procesos finales.** Los envases de vidrio se trasladan a un horno (o archa) de recocido donde se someten a un tratamiento térmico para garantizar su solidez y a continuación a unos exhaustivos controles de calidad.
5. **Embalaje.** Para su almacenamiento y distribución.

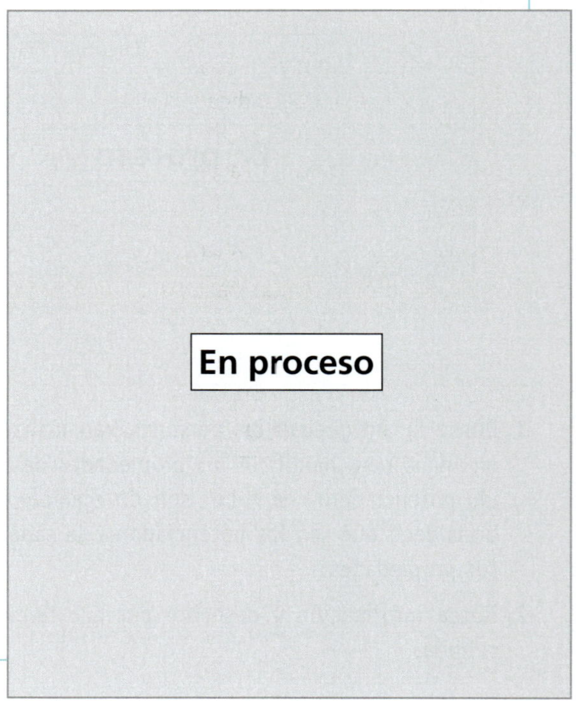

MANIPULACIÓN DEL VIDRIO

En muchas técnicas de laboratorio se utilizan instrumentos que son de varilla de vidrio y, otros, de tubo de vidrio. En los dos casos es necesaria la manipulación del vidrio para cortar secciones del tamaño apropiado a nuestras necesidades y proceder a su calentamiento en un mechero para completar su confección. Con esta actividad aprenderás a fabricar algunos instrumentos de vidrio de uso frecuente.

Cortado de vidrio

Para realizar un corte en una varilla de vidrio o tubo de vidrio:

1. Marcar con un lápiz graso el punto en el que se quiere cortar.
2. Hacer una pequeña ranura con el filo de una lima triangular alrededor de la varilla o del tubo siguiendo con cuidado la marca (a).
3. Coger la varilla o el tubo entre los dedos índice y pulgar de cada mano, lo más cerca de la limadura (b).
4. Presionar con firmeza para separar las secciones (c).

En proceso

Un corte es perfecto cuando la sección cortada es homogénea, sin puntas. Si esto no ocurre, hay que pulir los bordes cortantes.

Pulido

Para redondear un borde cortante:

1. Tomar la varilla o el tubo con los dedos pulgar, índice y medio de la mano derecha e introducirlo en la llama del mechero de gas.
2. Mantener la varilla o el tubo casi vertical y girar hasta que el extremo quede redondeado y pulido (d).

En proceso

En proceso

Pulido correcto (1 y 2). Tubo demasiado calentado a la llama (3).

Preparación de un agitador

Modo de prepararse:

1. En una varilla de vidrio se marca la longitud deseada. Luego, se lima y se corta. Cogiendo la varilla como en la técnica anterior, se calienta uno de los extremos haciéndolo girar sobre la llama de un mechero de gas. Cuando el vidrio presenta color rojo, se retira de la llama, y el extremo caliente se hace girar sobre un trozo de madera o una superficie metálica (1e).
2. Se deja enfriar al aire y, una vez frío, se calienta el otro extremo, se separa de la llama, se coloca perpendicularmente a una superficie metálica (por ejemplo, una moneda) y se presiona hacia debajo de manera que el extremo caliente se achate (2e).

En proceso

Doblado de un tubo

1. Situar el tubo sobre la llama sujetándolo con los dedos pulgar, índice y medio de ambas manos y girar para obtener un calentamiento uniforme (f).
2. Cuando el tubo se empieza a doblar, se retira de la llama, y se coloca horizontalmente sobre un trozo de madera donde se dobla formando el ángulo deseado (g).

En proceso

Aplica la técnica

1. A partir de una varilla de vidrio, cuya longitud es de 30 cm, fabrica un agitador de 18 cm de longitud siguiendo las explicaciones anteriores.

---

1. ¿Qué es el vidrio? ¿Por qué no es un compuesto sino una mezcla?
2. Enumera las fases básicas que se emplean en la mayoría de los procesos de fabricación de vidrio.

APRENDE A... REALIZAR LA SÍNTESIS DE LA ASPIRINA

El objetivo de esta práctica es realizar un ejemplo de la síntesis orgánica de interés industrial.

1. Introducción

La aspirina, nombre comercial registrado por la empresa químico-farmacéutica alemana Bayer, es uno de los medicamentos que poseen una actividad fisiológica de gran interés pues se utiliza para reducir el dolor (analgésico), la inflamación (antiinflamatorio) y la fiebre (antipirético). Los médicos también la recetan a sus pacientes para tratar o prevenir los ataques cardiacos, los accidentes cardiovasculares y la angina de pecho.

2. Materiales y reactivos

- Embudo de cuello largo
- Erlenmeyer de 250 ml
- Balanza
- Termómetro
- Cristalizador
- Agitador de vidrio
- Papel de filtro
- Baño maría
- Ácido salicílico
- Anhídrido acético
- Ácido sulfúrico concentrado
- Agua destilada

3. Procedimiento

- En un erlenmeyer de 250 ml añadir, en este orden, 5 g de ácido salicílico, 10 ml de anhídrido acético y 1 o 2 ml de ácido sulfúrico concentrado.
- Agitar suavemente la mezcla con el agitador de vidrio hasta que el ácido salicílico se disuelva. Como es una reacción exotérmica, se puede percibir un aumento de la temperatura a 70 ° u 80 °C.
- Dejar que la reacción proceda 10 minutos. Si no se observa la disolución espontánea del ácido salicílico, puede iniciarse la reacción calentando muy suavemente en un baño de agua a 45-50 °C durante 5 o 10 minutos.
- Dejar enfriar a temperatura ambiente. Pasados unos 15 minutos, la mezcla se habrá enfriado a 35 °-40 °C y el contenido del erlenmeyer será casi una masa sólida de cristales de ácido acetilsalicílico (aspirina). Si no se observa la aparición de precipitado, se introduce el erlenmeyer en un baño agua-hielo hasta que se observe la formación de cristales.
- Después se añaden al erlenmeyer, lentamente y con precaución, 50 ml de agua fría a 20 °C.
- Se agita bien la suspensión, y los cristales se recogen por filtración sobre el papel de filtro colocado en el embudo de cuello largo.
- Se presiona el producto sobre el papel de filtro suavemente para eliminar la mayor cantidad de agua posible.
- Finalizado este proceso, la muestra de aspirina se extiende sobre un cristalizador para que se seque.
- La aspirina sintetizada se guarda en un vial convenientemente etiquetado.

4. Análisis de los resultados y conclusiones

- Escribe las fórmulas químicas de los reactivos que has utilizado en la elaboración de la aspirina.
- En caso de no haber añadido ácido sulfúrico a la reacción, ¿esta se habría realizado? ¿Por qué?
- ¿Qué función realiza un catalizador como el ácido sulfúrico en una reacción química?
- Observa los pictogramas de peligrosidad de los envases de los reactivos e indica las principales características de cada uno de ellos.
- ¿Qué actuaciones seguirías en caso de accidente?
- ¿Qué importancia tiene el que se puedan sintetizar medicamentos en los laboratorios farmacéuticos?

La aspirina natural es un remedio utilizado desde hace miles de años que proviene del sauce blanco. La corteza de este árbol contiene una sustancia llamada salicina, de la cual se obtiene ácido salicílico, precursor de la aspirina sintética.

1 Identifica preguntas científicas

Los microorganismos en la industria farmacéutica

Los antibióticos son productos del metabolismo de ciertos microorganismos capaces de matar o inhibir el crecimiento de otros microorganismos a bajas concentraciones.

Durante la Segunda Guerra Mundial la demanda de agentes quimioterapéuticos condujo al desarrollo de un proceso de producción de penicilina, descubierta en 1928 por Alexander Fleming, y al inicio de la era de la investigación sobre los antibióticos. Actualmente, los antibióticos son uno de los productos de la industria farmacéutica más importantes desde el punto de vista tanto clínico como comercial. Muchos antibióticos son producidos por bacterias del grupo de los actinomicetos, especialmente del género *Streptomyces*, y por hongos filamentosos, de los géneros *Aspergillus* y *Penicillium*.

Se han descubierto un gran número de antibióticos, aunque menos del 1 % de ellos tienen valor práctico en medicina. Los que son útiles se usan con fines preventivos o con fines terapéuticos en las enfermedades infecciosas. Algunos de los antibióticos más importantes son la penicilina, la tetraciclina, la cefalosporina, la eritromicina, la estreptomicina y la neomicina.

Elige entre las frases siguientes cuáles pueden ser resueltas mediante experimentos científicos y cuáles no. Argumenta tu elección.

a) La penicilina fue descubierta por Alexander Fleming en 1928.

b) Los antibióticos son producto del metabolismo de microorganismos.

c) Actualmente, la fabricación de antibióticos es una de las producciones más importantes de la industria farmacéutica.

d) Algunos de los antibióticos más importantes son la penicilina, la tetraciclina, la cefalosporina, la eritromicina, la estreptomicina y la neomicina.

e) Los antibióticos se usan con fines preventivos o con fines terapéuticos en las enfermedades infecciosas.

Penicillium notatum, hongo filamentoso productor de penicilina.

2 Diseña un experimento. Desecación de frutas

La desecación es una de las técnicas de conservación de alimentos más antiguas que existe. Consiste en extraer el agua de estos, lo que inhibe la multiplicación de microorganismos y dificulta la putrefacción. Se puede lograr por medio del sol, del humo, del aire seco y de la presión.

1. Enuncia una hipótesis

Las frutas cortadas en rodajas y expuestas al aire y al sol se pueden desecar y conservar.

2. Diseña el experimento

Con la información anterior, diseña un experimento para conservar frutas mediante la desecación por medio del aire y del sol.

Deberás tener disponible el material necesario como por ejemplo manzanas, fresas, kiwis y piña natural; zumo de limón, un trozo de tela metálica, un cuchillo y botes herméticos.

3. Analiza e interpreta las imágenes

Dibuja el aspecto de las frutas, antes y después del proceso de desecación.

4. Extrae conclusiones

- ¿Para qué se utiliza el zumo de limón? ¿Por qué se extienden las rodajas de frutas en la tela metálica?
- Después de desecadas, las frutas se guardan en botes herméticos, ¿cuál es la finalidad? Si guardamos la fruta que no ha sido previamente desecada en los botes herméticos, ¿qué crees que ocurrirá?
- ¿Se ha cumplido la hipótesis?

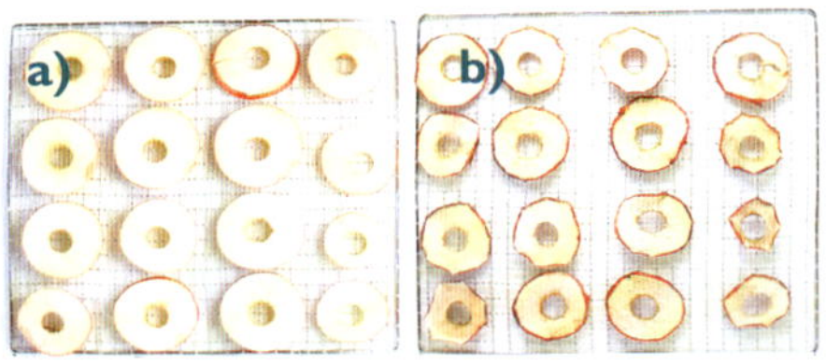

Manzanas hidratadas (a) y desecadas (b).

3 Interpreta una tabla

Los jabones bactericidas están principalmente formulados para la higiene y desinfección de las manos, recomendados para las industrias agroalimentarias, los sectores sanitarios, etc. Contienen una mezcla de tensioactivos no iónicos, reguladores de pH, agentes hidratantes y emolientes para la piel, y triclosan, un potente microbicida bacteriostático.

La tabla adjunta recoge el porcentaje en peso (gramos contenidos del producto en 100 gramos de la mezcla) de distintas sustancias presentes en una muestra de jabón bactericida.

1. Elabora una gráfica de barras para representar los datos recogidos en la tabla (una barra para cada componente).
2. ¿Qué componentes aparecen en mayor porcentaje? ¿Por qué? ¿Qué significa emoliente?

Componente	%	Función
Lauril éter sulfato de sodio 70 %	15,00	Detergente
Cocamidopropyl betaine	10,00	Detergente
Propilenglicol	5,00	Suavizante
Crovol A-70	3,00	Emoliente
Triclosán	1,00	Antiséptico
Jeecide II	1,00	Conservante
Perfume	0,50	Fragancia
Ácido láctico	c.s.	Hidratante
Cloruro sódico	c.s.	Espesante
c.s.: Cantidad suficiente para obtener el efecto		

4 Analiza un texto. La utilización del láser

El láser es una luz muy intensa capaz de producir efectos muy definidos cuando reacciona con cualquier punto en el entorno.

En la industria, se usa para calentar, fundir o vaporizar materiales de manera precisa, por ejemplo, para taladrar diamantes o sintetizar nuevos materiales. En la investigación científica, para detectar ciertos tipos de contaminantes atmosféricos, los movimientos de la corteza terrestre o en los aceleradores de partículas. Se han desarrollado fibras ópticas que transmiten luz láser para la comunicación terrestre y por satélite; en redes de ordenadores y en sistemas telefónicos. En el campo de la medicina, se emplea para cortar y cauterizar tejidos en décimas de segundo, para perforar el cráneo o "soldar" la retina.

Las aplicaciones más cotidianas de los sistemas láser son, por ejemplo, el almacenamiento óptico, las fotocopiadoras e impresoras láser; el lector de código de barras y la lectura de información digital en discos versátiles digitales (DVD) o en discos compactos (CD). En un futuro próximo, las aplicaciones serán, por ejemplo, los ordenadores ópticos o cuánticos que procesarán la información a la velocidad de la luz.

1. Resume las ideas principales recogidas en el texto.
2. ¿Consideras útil el empleo de los sistemas láser en nuestra vida cotidiana?

5 Interpreta imágenes

Indica cómo se han obtenido las siguientes imágenes:

Imagen A

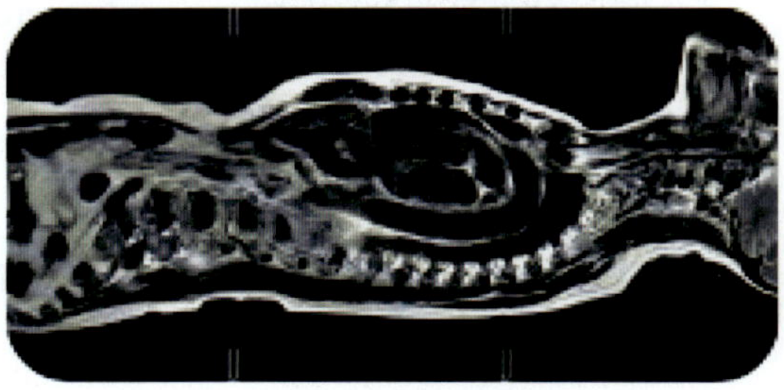

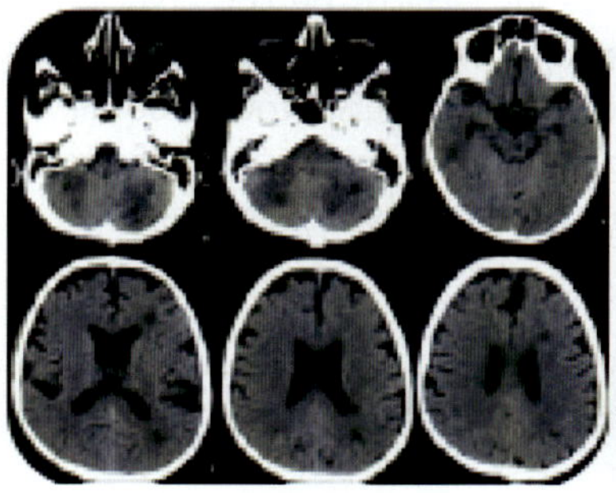

Imagen B

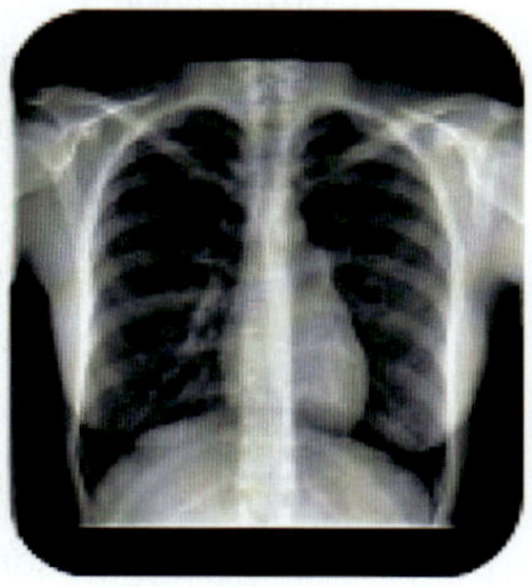

Imagen C

a) ¿Qué diferencias existen entre estas imágenes y las obtenidas mediante el uso de un ecógrafo de cuatro dimensiones?

b) Utilizando las TIC, busca información y enumera las principales ventajas y desventajas de cada una de las técnicas de diagnóstico por imagen, con las que se han obtenido los ejemplos anteriores.

- La desinfección se basa en una técnica de tratamiento, mediante procesos físicos o químicos, que se encarga de destruir los agentes patógenos que causan infecciones, a la vez que evita el desarrollo de los microorganismos en fase latente o vegetativa que se encuentran sobre objetos inanimados.
- El sector sanitario se refiere al conjunto de entidades que velan por el correcto bienestar y salud de las personas, es decir, que se encargan de la protección de la salud para que todas las personas tengan, o restauren, un equilibrio biológico y social. Las pruebas anatómicas y funcionales se pueden realizar mediante radiografías, TAC o IRM.
- La industria farmacéutica se dedica al descubrimiento, desarrollo, fabricación y comercialización de fármacos y medicamentos para la salud humana y animal. En el proceso de fabricación de un principio farmacológicamente activo se emplean tres tipos de tecnologías: síntesis de productos químicos orgánicos, fermentación y extracción biológica y natural.
- El sector del bienestar y la imagen personal aplica técnicas de limpieza, cambios de color y forma al cabello, así como técnicas básicas de maquillaje, depilación, manicura y pedicura.
- Las industrias alimentarias engloban un conjunto de actividades industriales destinadas al tratamiento, la transformación, la preparación, la conservación y el envasado de productos alimenticios para las personas y para los animales. Los procesos de fabricación que utilizan son la manipulación y el almacenamiento de materias primas, la extracción, la elaboración, la conservación y el envasado.
- El sector del vidrio es sumamente diverso. Las técnicas de producción que utiliza la industria del vidrio son muy variadas, aunque se pueden dividir en cinco fases básicas: preparación de la materia prima, fundición, conformación, procesos finales y embalaje.

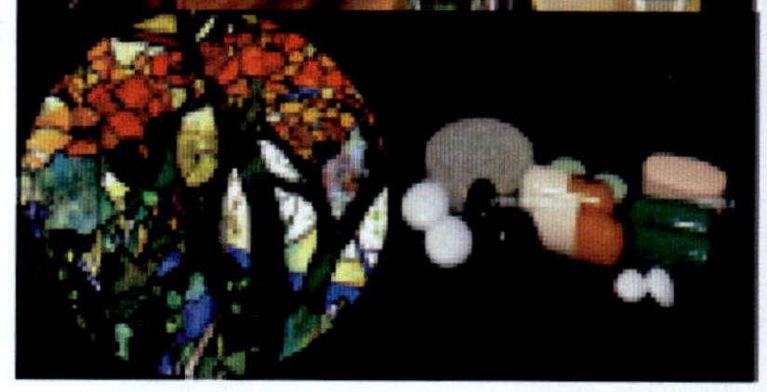
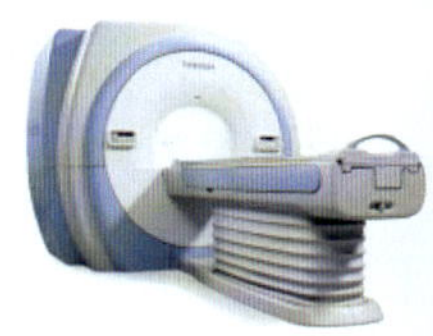

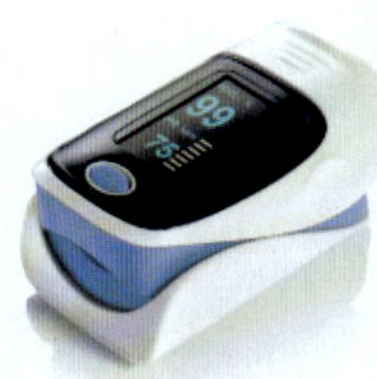
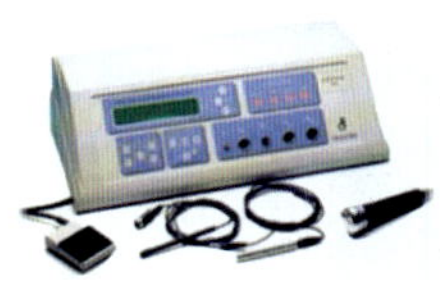

1 CONSOLIDA LO APRENDIDO

a) ¿Qué características debe tener un desinfectante para que sea eficaz? ¿Qué factores influyen en su eficacia germicida?

b) ¿Qué es un pulsioxímetro, la telemedicina, un escáner, una radiografía y una resonancia magnética?

c) Explica en qué consiste cada una de las tecnologías empleadas en el proceso de fabricación de un principio farmacológicamente activo.

d) Enumera los útiles y las herramientas empleadas en las técnicas de: maquillaje, depilación del vello superfluo, manicura y pedicura.

e) ¿Cómo se obtienen los vidrios de color?

f) ¿Mediante qué procesos se pueden extraer los alimentos de los cereales, las frutas o los líquidos?

g) Busca información, utilizando las Tecnologías de la Información y Comunicación (TIC), sobre las diferentes aplicaciones científicas en los campos profesionales directamente relacionados con tu entorno.

DEFINE CONCEPTOS CLAVE

- Salud
- Microorganismo
- Prospecto
- Fermentador.
- Hornada
- Cosmético
- Ahumado
- Microondas
- Vitrificante
- Conformación
- Antibiótico
- Ecógrafo 4D

RESPONDE A LA PREGUNTA INICIAL

¿Cuáles son las aplicaciones científicas en el ámbito profesional?

TÉCNICAS DE ESTUDIO: www.tiching.com/000000

Practica técnicas de estudio a partir de la síntesis.

9 TRATAMIENTO DE RESIDUOS

¿Qué tipos de tratamientos se utilizan para los diferentes tipos de residuos?

Los residuos tienen un origen diverso. En la basura doméstica podemos encontrar diferentes tipos de residuos, desde restos de alimentos y materia orgánica, hasta electrodomésticos o muebles.

El reciclaje de los residuos es un procedimiento fundamental para minimizar en lo posible el problema de la progresiva acumulación de residuos.

El desarrollo de la sociedad de consumo implica la producción de grandes volúmenes de residuos de diferentes clases. Algunos residuos son degradables a corto plazo, y otros necesitan decenas, cientos e incluso miles de años para su degradación, lo que está convirtiendo al planeta en un gran vertedero.

La acumulación progresiva de residuos origina importantes efectos: la contaminación del agua, el suelo y el aire; la degradación de los espacios naturales, y problemas sanitarios.

Para disminuir los problemas ambientales que se presentan, es necesario cambiar algunos sistemas de producción y realizar diversos tipos de tratamientos de residuos que permitan un mejor aprovechamiento y una eliminación más fácil y menos costosa de los residuos.

¿Qué sabemos?

- ¿Constituyen un problema los residuos?
- ¿Qué se puede hacer con los residuos?
- ¿En qué consiste el reciclaje de residuos?
- ¿Qué peligros comportan los residuos nucleares?

Los residuos peligrosos, como los nucleares, siempre plantean importantes problemas de gestión. La presencia cercana de residuos nucleares causa generalmente un cierto rechazo entre los ciudadanos.

¿Qué aprenderemos?

- Dónde se generan los residuos.
- Cuáles son los procesos de tratamiento.
- Ventajas e inconvenientes del reciclaje.
- El tratamiento de los residuos nucleares.

1 Tipos de residuos

Cada persona genera más de 500 kg de basura al año, una cifra que se ha duplicado en los últimos 40 o 50 años. Esta cantidad aumenta anualmente, porque cada vez consumimos más productos envasados, algunos de forma excesiva. Es necesario por lo tanto reducir rápidamente nuestros residuos o tendremos graves problemas.

Los **residuos** son aquellas materias generadas en actividades de producción y consumo que ya no poseen valor económico y que su poseedor o productor los destina al abandono.

Aunque al referirnos a los residuos solemos pensar en las basuras domésticas, existen diferentes tipos de residuos y diferentes criterios para su clasificación; por ejemplo, la actividad de donde proceden.

La acumulación de residuos es uno de los problemas ambientales más importantes.

CLASIFICACIÓN DE LOS RESIDUOS

En proceso

Los residuos sólidos urbanos

El tipo de residuos más conocido es el grupo de los residuos sólidos urbanos (RSU) o residuos urbanos (RU) y que popularmente se les conoce como **basuras**.

Los RSU tienen una composición muy heterogénea, ya que están constituidos por materiales muy diversos: vidrio, materia orgánica, papel, cartón, plástico, muebles, electrodomésticos, baterías, pilas, aceites, etc.

La cantidad de **"basuras"** que se producen varía según el país. En los países desarrollados la producción de RSU puede alcanzar 1,5 kg por habitante y día. En España la producción media es de 1,2 kg por habitante y día.

En proceso

Composición de los RSU (basuras) en España.

PROYECTO INVESTIGAR LA BASURA QUE SE GENERA EN MI CASA

La basura es un gran problema que nosotros como consumidores originamos y que, por tanto, debemos afrontar, primero tomando conciencia del mismo y después aportando soluciones.

Procedimiento

Durante una semana, clasifica y anota las basuras que se producen en tu casa. Para ello, realiza una tabla de datos como la que se muestra más abajo, amplíala y después colócala en un lugar visible de la cocina y, si no es posible, en otra dependencia, como puede ser tu habitación.

Para tomar los datos de cada tipo de basura por separado, puedes utilizar bolsas y pesarlas individualmente en una balanza.

Resultados

Día	Restos de comida	Papel y cartón	Vidrio	Plástico	Metal	Otros
Lunes						
Martes						
Miércoles						
Jueves						
Viernes						
Sábado						
Domingo						
TOTAL						

Conclusiones

1. ¿Te parece que se ha producido poca o mucha basura?
2. ¿A qué tipo de basura corresponde el mayor peso y el mayor volumen? Este último dato lo puedes obtener de forma aproximada.
3. ¿Qué tipo de basura te parece reciclable?
4. Piensa e indica varias medidas para reducir la producción de basuras en tu casa.
5. ¿Existe alguna diferencia en la cantidad de basura producida por cada uno de los miembros de tu familia?
6. Indica cuál puede ser la causa de esa diferencia.

---

1. ¿Qué son los residuos?
2. Indica a qué grupo de residuos pertenece cada uno de los siguientes objetos: botella de vidrio, restos de bañera, jeringuillas de hospitales, mondas de plátano y excremento de caballo.
3. ¿Qué son los RSU? ¿Cuál es su composición básica?

2 La regla de las Tres erres

La estrategia de la Unión Europea relativa a la gestión de los residuos es aplicar la regla de las **Tres erres (RRR)**, según el siguiente orden de jerarquía:

- ***R*** de **Reducir**. Persigue eliminar o reducir en origen la generación de residuos, fabricando productos "limpios" y orientando el consumo ciudadano hacia productos más ecológicos. La reducción puede ser en el origen o en volumen:
  - La **reducción en el origen**: implica el desarrollo de tecnologías de fabricación "limpias" para el ahorro de materias primas, aprovechamiento de los residuos generados y reducción de la producción de los residuos.
  - La **reducción del volumen** tanto por procedimientos de reutilización como por sistemas como compactación o secado, que implican una reducción física del volumen.
- ***R*** de **Reutilizar**. Consiste en la recuperación de residuos y el empleo de los mismos, incluso en procesos de fabricación distintos.
- ***R*** de **Reciclar**. En el reciclaje, los residuos se emplean para los mismos procesos en los que se han producido.

La separación en origen y la recogida selectiva de residuos en diferentes contenedores facilita su tratamiento.

@ Amplía en la Red...

Para saber más sobre la recogida selectiva de residuos entra en: www.tiching.com/000000
http://www.rtve.es/alacarta/videos/naturalmente/naturalmente-residuos-no-son-basura/1050045/

COMPETENCIAS ¿DÓNDE ECHAR LOS RESIDUOS?

1. Clasifica cada uno de los residuos del cuadro siguiente en tu cuaderno e indica a qué tipo de contenedor o lugar los llevarías.
2. En los países desarrollados se produce por término medio 1,35 kg de residuos urbanos por persona y día. ¿Cuánta cantidad de "basura" se producirá anualmente en tu ciudad?
3. Diseña un eslogan para una campaña publicitaria que defienda la reutilización y el reciclado.
4. ¿Se separan los residuos en tu casa, en diferentes recipientes? ¿Estarías dispuesto a sensibilizar a tu familia acerca de la necesidad de la separación de los residuos?
5. ¿Habitualmente colaboras en tu casa, en la gestión de la basura?
6. ¿Observas con frecuencia que los vecinos echan la basura en los contenedores adecuados?
7. ¿Sabes a qué lugar se lleva la basura de los contenedores?
8. ¿Has visto alguna vez, los contenedores de papel y cartón muy lleno? ¿Sabes la razón?
9. ¿Has coincidido alguna vez con una huelga de los trabajadores de la basura? ¿Te parece muy importante su trabajo?

Residuo	Tipo de residuo	Destino (¿se podrá reciclar?)

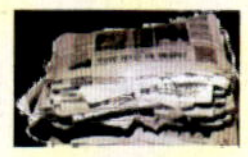		

Los puntos limpios

Los **puntos limpios** son centros destinados a la recogida selectiva de residuos especiales, generados en los domicilios, donde el ciudadano podrá acercarse a depositarlos de manera gratuita, con el objetivo de evitar así el abandono indiscriminado de estos residuos en la vía pública y facilitar su correcta gestión.

En los **puntos limpios** se pueden depositar:

aceite usado, aerosoles, electrodomésticos, fluorescentes, madera, radiografías, metales y chatarras, electrodomésticos y aparatos eléctricos, muebles viejos, latas de pintura, plásticos, botes vacíos de disolventes y de productos de limpieza, tetrabricks, papel, cartón, ropa usada, pilas, baterías de automóviles, cartuchos de tóner, etc.

1. ¿En qué consiste la estrategia de las Tres erres (RRR)?
2. ¿Existen en tu ciudad contenedores de recogida selectiva de residuos? ¿Cuántos hay en tu calle? ¿Los utilizas?
3. ¿Qué ventajas crees que tiene la recogida selectiva de residuos? ¿Cuál crees que será su repercusión a nivel familiar y social?

3 La gestión integral de los residuos

La gestión de los residuos comprende varias tipos de actividades: **recogida**, **acondicionamiento**, **almacenamiento**, **transporte**, **valorización** y **eliminación**.

- La **recogida** es toda operación consistente en recoger, clasificar, agrupar o preparar residuos para su transporte. La **recogida selectiva** es el sistema de recogida diferenciada de residuos orgánicos fermentables, reciclables, etc.
- El **acondicionamiento, almacenamiento y transporte**, están muy relacionados entre sí. Es necesario conocer las características químicas del residuo y su peligrosidad para poder manipularlo, acondicionarlo y etiquetarlo convenientemente para su envío a la recuperación o eliminación. El almacenamiento es el depósito temporal de residuos, previo a su valorización o eliminación. El transporte dependerá del tipo de residuo; será especial para mercancías peligrosas.
- La **valorización** y la **eliminación de residuos** deben ser procedimientos que protejan el medio ambiente.

Se entiende por **valorización** todo procedimiento que permita el aprovechamiento de los recursos contenidos en los residuos. La valorización energética consiste en obtener energía a partir de los residuos, para utilizar en las propias instalaciones de gestión o para exportar. La **eliminación** es todo procedimiento dirigido, bien al vertido de los residuos o bien a su destrucción.

El compost

El compostaje es un proceso controlado de la descomposición de la materia orgánica por medio de bacterias, para obtener **compost**, que es un material parecido al humus, con muchas aplicaciones: mejora de suelos, sustratos de cultivos o restauración de paisajes, entre otros.

FASES DE LA GESTIÓN INTEGRAL DE LOS RESIDUOS

En proceso

COMPETENCIAS TRABAJAR CON RESIDUOS TÓXICOS Y PELIGROSOS (RTP)

Un residuo tóxico y peligroso es cualquier material sólido, líquido o gaseoso que contenga elementos que, dada su composición, capacidad de reacción o combinación con otras sustancias, es potencialmente peligroso para la salud o el medio ambiente. Por ejemplo: compuestos farmacéuticos y sanitarios, metales pesados, disolventes, tintes, insecticidas, etc.

1. Para manejar con las debidas precauciones los residuos peligrosos, estos deben llevar un etiquetado que identifique las características específicas, respecto al tipo de peligrosidad.

a) Busca información utilizando las Tecnologías de la Información y Comunicación (TIC) y describe a qué tipo de residuos peligrosos corresponden las etiquetas de los numerados en el dibujo del margen.

b) ¿Qué tipo de precauciones deberías tomar, en la empresa donde puedas trabajar, para manejar residuos con las características de los indicados con el número 8? Indica el tipo de material de seguridad que deberías utilizar.

c) Si en el trabajo de un laboratorio se generan residuos que respondan a las características de los etiquetados 2 y 3, ¿qué tipo de material de seguridad debería haber en un lugar cercano?

1 5

2 6

En proceso

3 7

4 8

Título?????

Lee y analiza el siguiente texto:

En 1942, Hooker Chemical and Plastics Corporation, realizó vertidos químicos en la región de ***Love Canal****, aunque otras compañías y los militares de Estados Unidos la habían utilizado como vertedero químico desde 1920. Más tarde, en 1950, Hooker Chemical vendió el terreno y advirtió que el sitio contenía "algunas plantas contaminadas" pero no proporcionó los detalles sobre los productos químicos tóxicos enterrados en el sitio, ni la cantidad que enterró.*

Una escuela fue construida en el lugar y un distrito residencial de clase media fue alojado más adelante en la tierra adyacente al colegio. A finales de 1970 aumentaron los índices de complicaciones sanitarias en la región de Love Canal, incluyendo altos índices de cáncer y malformaciones en recién nacidos.

En 1980, después de alcanzar calado nacional, el entonces presidente Jimmy Carter declaró el estado de emergencia federal en el área. Los residentes fueron reubicados y Hooker Chemical desembolsó más de 200 millones de dólares para descontaminar la zona.

- Pon un título al texto.
- ¿Conoces algún otro caso de daños provocados por el vertido de residuos peligrosos?
- Investiga y documéntate sobre lo que ocurrió en el denominado desastre de Aznalcóllar en 1998.

---

1. ¿Qué tipo de actividades se realizan en la gestión integral de los residuos?

2. ¿Ahorra energía la valorización energética? Explícalo.

3. ¿Qué es el compost?

4. Define lo que se considera un residuo tóxico y peligroso.

4 El reciclaje

El **reciclado** o **reciclaje** es uno de los tipos de tratamientos de residuos con mayor éxito ambiental desde hace décadas. Diferentes tipos de programas han contribuido al incremento de la tasa de reciclado en algunos países. Ejemplos de materiales reciclables son el vidrio, el metal, el plástico, el papel y el cartón.

El proceso de reciclaje tiene una serie de ventajas e inconvenientes. Como el reciclaje es una iniciativa positiva, es muy importante incidir en las ventajas y beneficios.

Las **Ventajas** del reciclaje son de carácter ecológico, económico y social:

- **Nivel ecológico**
  - Se reduce la contaminación y se conserva el ambiente.
  - Se protegen los recursos naturales renovables y no renovables.
  - Se alarga la vida útil de los rellenos sanitarios o vertederos.
- **Nivel económico**
  - Se ahorra materia prima en la fabricación de productos nuevos con materiales reciclables.
- **Nivel social**
  - Creación de empleo, ya que en las diversas fases del proceso se necesitan distintos trabajadores.

Problemas o **desventajas** del reciclaje:

- Falta de información de cómo se deben almacenar correctamente los residuos para distribuirlos en los centros de reciclaje.
- No todos los materiales son recibidos por las empresas recicladoras. Algunos materiales reciclados son de menor calidad que los de primera generación.

Los bioelementos

Existen dos tipos básicos de reciclaje para materiales como papel, plásticos, metales, vidrio y plásticos. El **reciclado primario** o de **ciclo cerrado**, cuando los residuos generado por el consumidor se reciclan para producir nuevos productos del mismo tipo (latas de aluminio, periódicos). El **reciclado secundario** o de **ciclo abierto**, cuando los residuos se transforman en productos diferentes.

Reciclado primario, latas de aluminio en latas de aluminio.

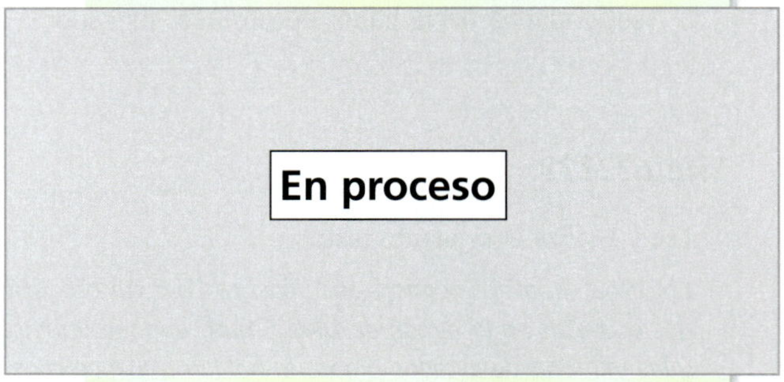

El reciclaje de los termoplásticos

Los termoplásticos son un tipo de plásticos que pueden **fundirse** y **procesarse** de nuevo. Para el embalaje de gran parte de los productos de consumo se utilizan este tipo de plásticos o resinas, con aplicaciones muy diversas.

Tereftalato de polietileno (PET), para envases de bebidas.

Polietileno de alta densidad (HDEP), para botellas de aceite de motor, etc.

Cloruro de polivinilo (PVC), para tubos de cables, fontanería, ventanas, etc.

Polietileno de baja densidad (LDPE), para bolsas de verduras, etc.

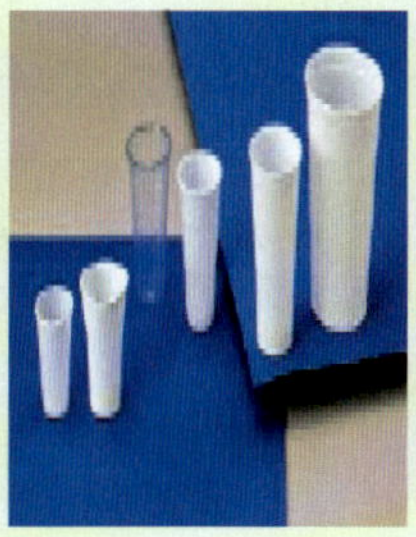

Polipropileno (PP), para vasos, platos, envases de yogur, etc.

Poliestireno (PS), como aislante térmico, embalaje de material frágil, etc.

PROYECTO RECICLADO DE PAPEL

En la sociedad actual hay una gran necesidad de productos transformados industrialmente, como el papel. Pero 7 000 periódicos pesan alrededor de 1 000 kg, lo que equivale a 17 árboles que necesitan 20 años para crecer. El reciclado de papel evitaría tener que recurrir a menos árboles para obtener la pasta de papel.

Material necesario

Papel usado, agua, 2 marcos de madera iguales, tela metálica o gasa, baldes, batidora, cola blanca de carpintero, lejía y colorantes, cuerdas, pinzas, rodillo y gamuzas.

Procedimiento

1. Preparación de la pasta de papel.

- Cortar el papel en trocitos y dejarlo en remojo durante varias horas en un balde, aproximadamente con el doble de agua que de papel.
- Batirlo, añadir un poco de lejía para aclarar la pasta, volver a batir y dejar en reposo 10 o 12 horas, y batir de nuevo.
- Añadir dos cucharadas de cola de carpintero y batir de nuevo. Si queremos papel coloreado pueden añadirse, témperas, acuarelas, tintes, etc.

2. Superponer los dos marcos de modo que coincidan. En uno se ha clavado la tela metálica o gasa.
3. Introducir los dos marcos de forma superpuesta en el balde con la pasta de papel.
4. Retirar y esperar a que escurra el agua.
5. Retirar el marco superior y golpear con suavidad para que se desprenda la pasta de papel y caiga a la gamuza.
6. Repetir la operación varias veces con varias gamuzas.
7. Prensar las gamuzas durante varias horas.
8. Pasar el rodillo por encima del papel para alisarlo.
9. Poner a secar las gamuzas con el papel durante varias horas hasta que esté totalmente seco.

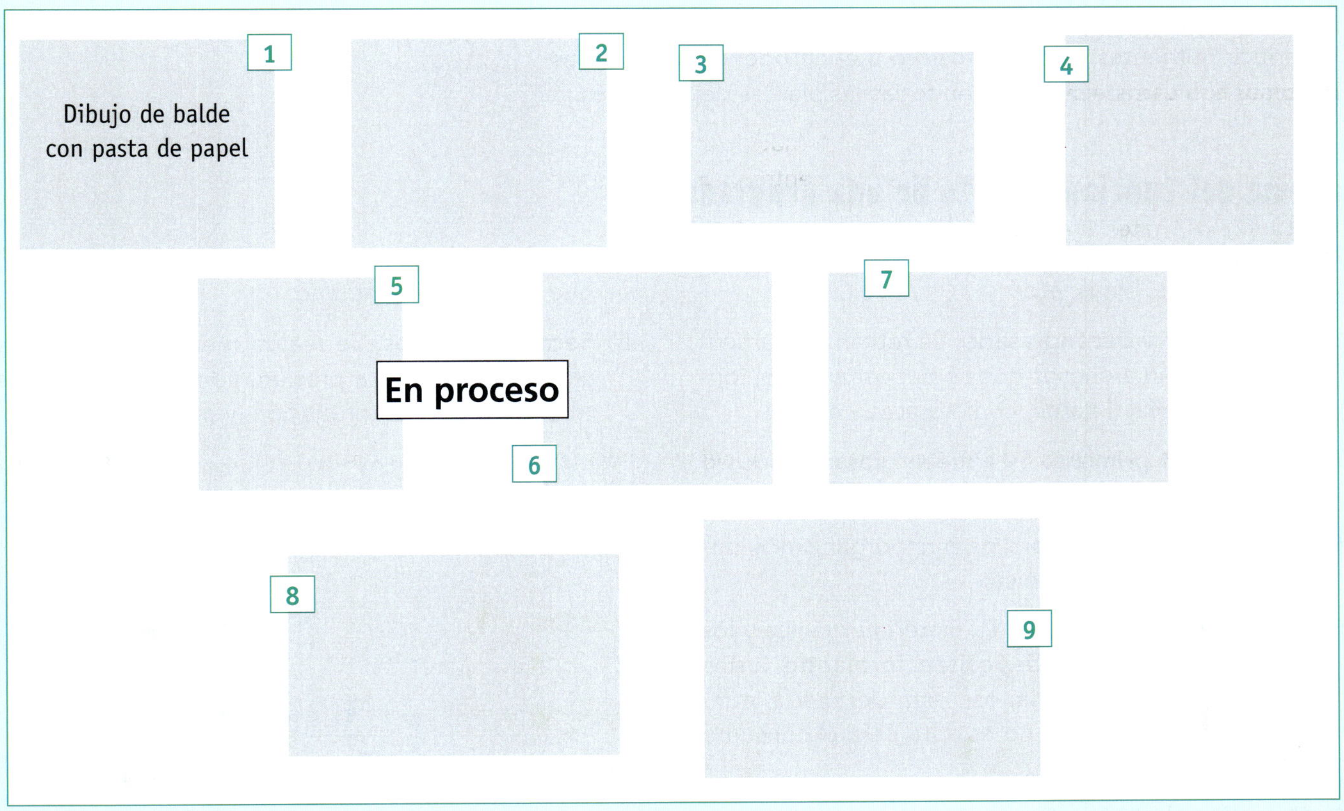

1. Indica las ventajas e inconvenientes que, en tu opinión, tiene el reciclaje.

5 El tratamiento de las aguas residuales

Denominamos **aguas residuales** a las aguas que resultan después de haber sido utilizadas en domicilios, fábricas, explotaciones ganaderas, etc. Estas aguas contienen grasas, detergentes, materia orgánica, residuos de la industria y de los ganados, herbicidas y otras sustancias tóxicas. Para su tratamiento existen dos sistemas principales, los sistema de depuración naturales y los sistemas de depuración dura:

- Los sistemas de depuración naturales o blandos, se utilizan para núcleos rurales. Destacan los lagunajes (algas y bacterias suspendidas en el agua), los filtros verdes con diferentes especies herbáceas o leñosas, y los humedales artificiales.
- Los sistemas de depuración dura, se llevan a cabo en las Estaciones de Tratamiento de Aguas Residuales (EDAR), donde se realizan varios tratamientos:
  - **Pretratamiento**, que consiste en retirar grandes sólidos del agua.
  - **Tratamiento primario**, que mediante procesos fisicoquímicos, como la flotación, coagulación y sedimentación, se separan sólidos que aún permanecen.
  - **Tratamiento secundario**, que consiste en una decantación secundaria y procesos biológicos para eliminar los restos de materia orgánica.
  - **Tratamiento terciario**, que comprende métodos complementarios para extraer la materia orgánica no eliminada anteriormente o para reducir nutrientes, como el fósforo y el nitrógeno. Como estos procesos son caros, no existen en todas las plantas depuradoras.

Vista general de una depuradora.

Esquema del funcionamiento de una depuradora

1. **Filtración.** Las rejas retienen maderas, plásticos, cartón, palos, hojas, etc.
2. **Desarenado y desengrasado.** Se retiran las partículas de tamaño arenosos que se depositan en el fondo y el material flotante, como grasas y aceites.
3. **Decantación primaria.** Se extraen grasas y lodos o fangos, en tanques circulares, mediante decantación.
4. **Tratamiento biológico.** Los microorganismos degradan la materia orgánica.
5. **Decantación secundaria.** La materia orgánica y los microorganismos se depositan formando lodos que se extraen. El agua, así, está depurada, aunque si no se potabiliza no es apta para el consumo humano.

A) **Digestión de lodos.** En depósitos cerrados (digestores), los lodos o fangos se someten a reacciones de fermentación y se estabiliza la materia orgánica. En este proceso se genera gas metano que se canaliza y almacena y se utiliza como combustible que produce gas metano.

B) **Secado de lodos.** Se realiza mediante varios procesos, como calor a presión; adición de compuestos, como cal; centrifugación, y otros.

En proceso

COMPETENCIAS LOS LODOS O FANGOS

1. Lodos primarios y lodos secundarios.

Los lodos primarios (PSS) se producen durante el tratamiento primario, y los lodos secundarios (DSS), durante el tratamiento secundario.

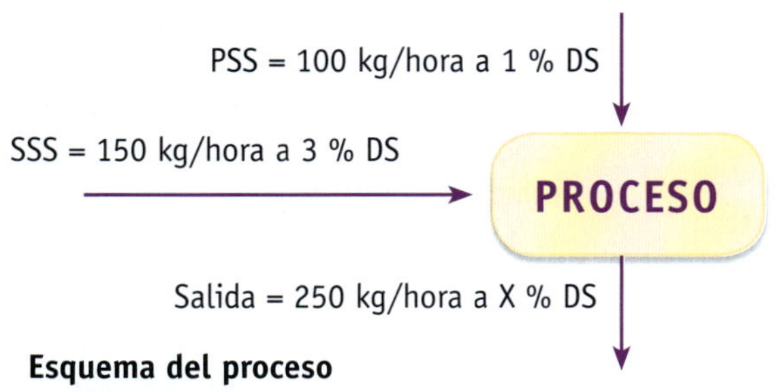

Esquema del proceso

a) Si los lodos primarios (PSS) de una depuradora se producen a 100 kg/hora con 1 % de sólidos secos (DS) y los lodos secundarios (SSS) a 150 kg/hora con 3 % de sólidos secos (DS), determinar el porcentaje de sólidos secos (DS) en el producto final.

b) Ahora calcula tú, el porcentaje de sólidos secos que se obtienen de los lodos en una depuradora, si los lodos primarios se producen a 90 kg/hora con 1,25 % de sólidos secos y los lodos secundarios, a 200 kg/hora con 4 % de sólidos secos.

Los lodos consisten en una mezcla de agua y sólidos separada del agua residual, como resultado de procesos de depuración.

3. Cómo calcular la cantidad de lodos producidos en una depuradora.

a) Cada día se tratan 3 780 m^3 de aguas residuales en una planta depuradora municipal. El agua que entra en la depuradora contiene 220 mg/litro de sólidos en suspensión. El agua depurada tiene una concentración de sólidos en suspensión de 5 mg/litro. Determinar la masa de sólidos separados como lodos diariamente.

b) Ahora calcula tú las masas de sólidos separados como lodos en una depuradora, donde cada día se tratan 5 000 m^3 de aguas residuales. El agua que entra en la depuradora contiene 300 mg/litro de sólidos en suspensión y el agua clarificada, 6 mg/litro.

3. Después de todos los tipos de tratamientos que se realizan en una EDAR, incluidos los de la depuración, acondicionamiento y secado de los lodos, se obtiene finalmente una cantidad de lodos que hay que gestionar. Utilizando las TIC, investiga cuál es el destino final de los lodos que se producen en una depuradora.

4. Las piscinas que se utilizan para el baño deben disponer en su instalación de una depuradora de agua para mantener las condiciones de salubridad adecuadas. Investiga igualmente las características de este tipo de depuradoras.

Solución 1a):

Entrada = 100 kg/hora a 1 % DS + 150 kg/hora a 3 % DS

Salida = 250 kg/hora a X DS

Entrada = salida

100 (0,01) + 150 (0,03) = 5,5 kg/hora; 250 X kg/hora

5,5 kg/hora = 250 X kg/hora; X = 5,5/250 (100) = 2,2 % DS

Solución 2a):

En 3 780 m^3 de agua hay 832 kg/día de sólidos y en el agua depurada o clarificada 19 kg/día.

832 – 19 = 813 kg/día de lodos.

---

1. ¿Qué son las aguas residuales?

2. ¿Qué diferencias hay entre los tipos de tratamientos primario, secundario y terciario en las depuradoras?

3. ¿En qué fases del tratamiento de las aguas residuales se obtienen los lodos o fangos?

4. ¿Qué función desempeñan los digestores?

5. El agua que sale depurada en las depuradoras, ¿es potable?

6. ¿Crees que las depuradoras son muy importantes? ¿Por qué?

7. ¿Has visto alguna en alguna ocasión una depuradora, o has pasado cerca de una? ¿Qué impresión te ha causado?

6 La incineración

Una alternativa a los vertederos es un tratamiento térmico que consiste en quemar los residuos a altas temperaturas, en una planta incineradora. La incineración puede reducir la cantidad de residuos en más de un 80 %; en países como Japón y Dinamarca se quema la mayor parte de los residuos domésticos. Algunas sustancias tóxicas y microorganismos son destruidos mediante la incineración. Además se puede aprovechar el calor producido en los incineradores para obtener energía eléctrica.

Sin embargo, la incineración tiene algunos inconvenientes. Se emiten dióxido de carbono y partículas contaminantes a la atmósfera. Las cenizas resultantes pueden contener sustancias peligrosas que hay que almacenar. Por ejemplo, al quemar las pilas no se destruyen los metales pesados que contienen, o en la incineración de plástico se produce dioxinas, sustancias que son cancerígenas.

Todo esto hace que exista un gran control sobre las incineradoras y, en muchos casos, se exige que eliminen las partículas tóxicas antes de ser emitidas a la atmósfera. Para conseguir una incineración correcta se deben controlar, además del tipo de residuos:

- El tiempo de contacto de los residuos con el oxígeno, dentro de la cámara de incineración (tiempo de retención).
- La relación entre las cantidades de oxígeno y de residuos que se mezclan.
- La temperatura.

Existen varios tipos de plantas incineradoras, cuyas características dependen del tipo de residuos que se vayan a incinerar.

Las dioxinas

El término «dioxinas» se utiliza para referirse a una familia de compuestos relacionados entre sí desde y constituidos por las dibenzoparadioxinas policloradas (PCDD) y los dibenzofuranos policlorados (PCDF).

Las dioxinas se originan generalmente en procesos industriales, o en procesos naturales, como las erupciones volcánicas. La causa mas grave de liberación de dioxinas al medio ambiente es la incineración descontrolada de residuos sólidos y hospitalarios, dado que la combustión es incompleta. Sin embargo, existe tecnología que permite la incineración controlada de desechos con bajas emisiones.

La exposición a altas concentraciones de dioxinas puede causar lesiones cutáneas, así como alteraciones hepáticas. Si la exposición es prolongada, puede afectar a los sistemas inmunitario y nervioso, y a la función reproductora.

El presidente de Ucrania, Victor Yushchenko, fue envenenado con dioxinas en 2004, cuando cenaba con altos funcionarios del servicio secreto.

PROCESOS DE UNA INCINERADORA CON DEPURACIÓN DE GASES

Si el tratamiento es ideal, por la chimenea solo saldrían aire caliente y vapor de agua.

En proceso

En proceso

Estructura química de 2,3,7,8-Tetraclorodibenzo-p-dioxina (TCDD), la dioxina de mayor toxicidad.

COMPETENCIAS PRODUCTOS DE LA INCINERACIÓN

Quema de neumáticos no controlada.

En tres plantas incineradoras de residuos se utilizan diferentes tipos de productos, cal hidratada ($Ca(OH)_2$), hidróxido de sodio (NaOH) y bicarbonato sódico ($NaHCO_3$), para la absorción y limpieza de los contaminantes HCl, HF y SO_2, que se producen durante la incineración de determinados residuos, según se recoge en la siguiente tabla. Se indican también la cantidad de producto de absorción y limpieza utilizada para cada kilo de contaminante, los residuos originados en el proceso y las cantidades de los productos residuales resultantes en el tratamiento.

a) Indica la reacción completa de cada contaminante con el producto de absorción.

b) ¿Qué contaminante requiere mayor cantidad de producto de absorción por kg de contaminante?

c) ¿De qué producto residual se obtiene mayor cantidad?

Contaminante		Producto de absorción	Productos residuales		Reacción química completa
	kg	$Ca(OH)_2$		kg	
HCl	1	1,014	$CaCl_2$	1,521	
HF	1	1,850	CaF_2	1,950	
SO_2	1	1,156	$CaSO_4$	2,125	
Contaminante		NaOH	Productos residuales		
HCl	1	1,097	NaCl	1,600	
HF	1	2,000	NaF	2,100	
SO_2	1	1,249	Na_2SO_4	2,217	
Contaminante		$NaHCO_3$	Productos residuales		
HCl	1	2,301	NaCl	1,603	
HF	1	4,200	NaF	2,100	
SO_2	1	2,625	NaF	2,219	

El rechazo social a la incineración

La incineración de residuos no está exenta de controversias ambientales. Tanto los grupos ecologistas como muchos ciudadanos se manifiestan en contra de este tipo de tratamiento de residuos. No es fácil que alguien esté de acuerdo con la instalación de una planta incineradora relativamente próxima a su domicilio, aunque cumpla todas las condiciones y normas establecidas.

Incluso en alguna ocasión, las protestas han dado lugar a la intervención policial.

¿Qué opinas tú? Reflexiona sobre la incineración de los residuos y valora críticamente este tipo de tratamiento.

1. ¿Cuáles son las ventajas y los inconvenientes de la incineración de residuos?
2. ¿Qué parámetros es preciso controlar durante la incineración de residuos?
3. ¿Qué crees que es una incineración no controlada? ¿Podrías poner un ejemplo?
4. ¿Alguna vez has presenciado la quema de neumáticos? ¿Qué te parece?

7 Los vertederos de residuos

La mayor parte de los residuos, en todo el mundo, se arrojan a vertederos. Algunos **vertederos** son **incontrolados** y se localizan en lugares muy diversos y no alejados de las poblaciones, donde pueden ocasionar graves problemas ambientales, como olores y contaminación del agua, el suelo y el aire. Los **vertederos controlados o sanitarios** son instalaciones destinadas al depósito de residuos, bajo condiciones seguras y supervisadas, que evitan los problemas de contaminación.

Para la instalación de un vertedero en un lugar se deben tener en cuenta una serie de características:

- **Terreno impermeable** o **impermeabilizado** artificialmente para evitar que los lixiviados no contaminen el agua subterránea. Los lixiviados son líquidos que se originan cuando el agua de lluvia pasa lentamente a través de las basuras y que contienen sustancias tóxicas disueltas, orgánicas e inorgánicas.
- Zona con **baja precipitación** y elevada evaporación para reducir la producción de lixiviados.
- Puntos de **salida** de los **gases** que se originan por la descomposición de los residuos orgánicos. El enorme volumen de metano producido, si no se controla, puede causar explosiones e incendios en los vertederos. El metano se puede utilizar para generar electricidad.
- Recubrimiento con **capas de tierra**, donde crezca la vegetación autóctona.
- **Vallado** que impida el paso de personas o vehículos no autorizados.

En el mundo existen numerosos vertederos que no cumplen con las mínimas condiciones ambientales y que sirven de sustento económico para muchas personas.

Muchos vertederos se ubican en las mismas instalaciones que otros tipos de tratamientos de residuos, por lo que se denomina a todo el conjunto **Centro de Tratamiento de Residuos (CTR)**, que puede comprender, además, compostaje, selección de envases, etc.

ESQUEMA DE LA ESTRUCTURA GENERAL DE UN VERTEDERO SANITARIO

En proceso

COMPETENCIAS GASES EN VERTEDEROS

1. La composición del gas que se produce en un vertedero, por la degradación de la materia orgánica en condiciones anaerobias, se refleja en la tabla de la derecha.

Componente	Volumen (%)
CH_4	45-60 %
CO_2	40-60 %
N_2	2-5 %
Sulfuros y NH_3	< 1 %
H_2, CO y COV	< 0,1 %

a) Identifica cada uno de los componentes del gas generado. Por ejemplo, COV significa "compuestos orgánicos volátiles".

b) ¿Cuál es el componente mayoritario de la mezcla de gases? ¿Qué utilidad tiene?

c) ¿En qué consisten las condiciones anaerobias?

2. Los vertederos constituyen una fuente de alimento para muchos animales salvajes, como ratas, gaviotas y zorros, pero también son una posible fuente de transmisión de enfermedades de los animales que los frecuentan, como roedores o gatos.

En algunos vertederos disponen de halcones en las propias instalaciones. ¿Para qué y cómo crees que los utilizan?

Halcones en el vertedero de COGERSA, en Asturias.

Cuando el vertedero está colmatado o lleno se procede a su clausura y sellado. Se extrae el biogás, se impermeabiliza y se restaura finamente la zona, por ejemplo, con vegetación autóctona.

Evolución de gases y lixiviados en vertederos

La gráfica siguiente representa la generación de gas y la evolución de la composición de los lixiviados en un vertedero. La gráfica está dividida en cinco etapas: Ajuste inicial (I), Fase de transición (II), Fase ácida (III), Fase metanogénica (IV) y Fase de maduración (V).

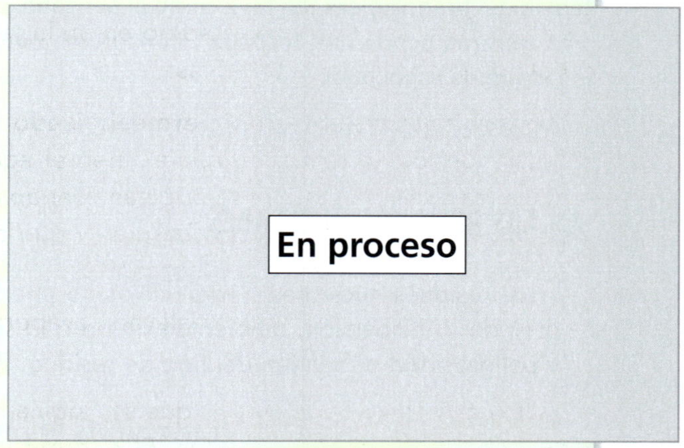

a) ¿Qué ocurre en las fases inicial y de transición, con el oxígeno? ¿Qué condiciones, aeróbicas o anaeróbicas, habrá a partir de la fase II?

b) ¿Cómo varía la cantidad de CO_2 y de N_2 durante todas las fases?

c) ¿Cómo evoluciona la cantidad de metano? ¿En qué fase se genera mayor cantidad?

d) ¿Cómo varía el pH de los lixiviados durante todas las fases? ¿Qué fase es la más ácida?

e) ¿Con qué procesos coincide la fase más ácida de los lixiviados?

1. ¿Qué características debe reunir un lugar para la instalación de un vertedero controlado?
2. Busca información acerca de para qué se utilizan la arcilla compactada, el tapete geotextil y el revestimiento de polietileno.
3. ¿Cómo se acumula la basura en el vertedero?

8 La espada de Damocles: los residuos nucleares y la "basura" espacial

La frase "la espada de Damocles" se utiliza cuando una persona está amenazada de un peligro inminente. Cuenta la leyenda que Damocles, adulador de Dionisio de Siracusa, llamado el Tirano (siglo IV a.C), pasaba el día alabando la felicidad de Dionisio. Este, para persuadirle de que no era tal, le invitó a asistir a un banquete en el que fue obsequiado como un príncipe. En lo mejor de la fiesta, levantó los ojos Damocles y vio que del techo colgaba una espada, sostenida solamente por una crin de caballo. Horrorizado del peligro en el que se encontraba, pidió permiso para retirarse, pero no lo hizo sin reconocer que la existencia del tirano no era tan feliz como él pensaba. Como le sucedió a Damocles, sobre nuestras cabezas pende una "espada", constituida por los peligros de los **residuos nucleares** y los **residuos espaciales**.

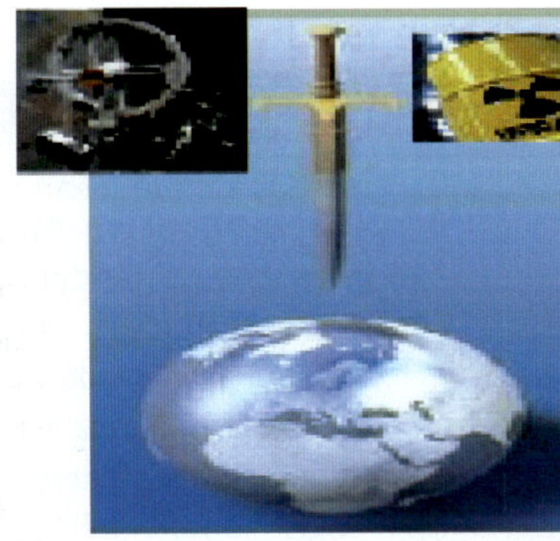

La "espada de Damocles".

A LOS RESIDUOS NUCLEARES

Los residuos nucleares o radiactivos no pueden ser eliminados como los otros tipos de residuos. Para evitar los peligros de su dispersión, ambientales y para la salud, es necesario su almacenamiento en lugares especiales. Su manejo y peligrosidad dependen del tipo de residuo. Para su almacenamiento y aislamiento se utilizan diferentes barreras.

CLASIFICACIÓN DE LOS RESIDUOS NUCLEARES SEGÚN LA UNIÓN EUROPEA

Tipo de residuo nuclear	Radiación emitida y tiempo de vida	Origen	Gestión y almacenamiento
De transición	Se desintegran durante el periodo de almacenamiento temporal.	Principalmente de origen médico.	• Tratamiento como residuos no radiactivos. • Barreras de ingeniería durante 300 años.
De baja y media actividad	La generación de energía térmica durante su evacuación es baja. Pueden ser de vida corta, con una vida media igual o inferior a 30 años, y de vida larga.	Reprocesado de combustible nuclear gastado y productos de fisión o rotura de los átomos de un elemento nuclear.	Refrigeración y almacenamiento temporal.
De alta actividad	Generan considerable energía térmica durante su evacuación y almacenamiento. La vida media puede ser de miles de años.	Combustible nuclear gastado y productos de fisión.	Almacenamiento definitivo en formaciones geológicas estables durante decenas de generaciones.

B EL ALMACENAMIENTO DE LOS RESIDUOS NUCLEARES

El tratamiento de concentración y su almacenamiento en bidones especiales constituyen una **barrera físico-química**.

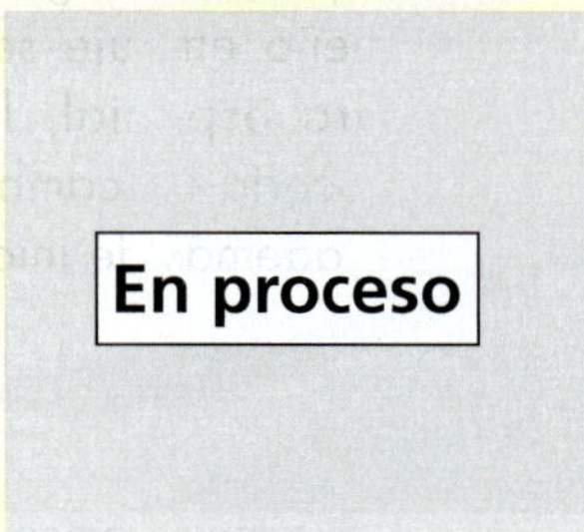

Los bidones se pueden almacenar en contenedores de hormigón, que forma una **barrera de ingeniería**.

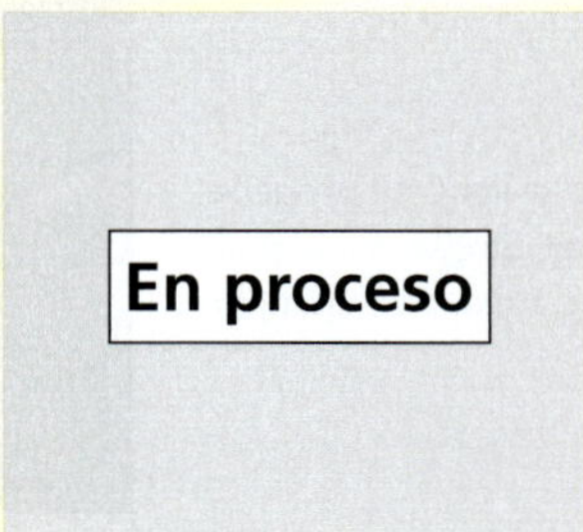

Las **barreras geológicas** están formadas por terrenos geológicamente estables, donde se almacenan los residuos nucleares.

Los residuos de alta actividad se almacenan en piscinas de las centrales nucleares. Después en zonas geológicamente estables.

C LA "BASURA" ESPACIAL

Alrededor del planeta orbitan más de 20 000 objetos, que ya no son útiles y que constituyen la basura o chatarra espacial. Cuando caen a la Tierra, la mayor parte de ellos se queman al atravesar nuestra atmósfera, pero hay algunos que no se queman, como las grandes estaciones y los satélites con energía nuclear.

En total habría unas 4 500 toneladas de metal procedentes de los más de 4 000 lanzamientos efectuados. Se supone que cada día cae un trozo de basura espacial en la Tierra, pero como son muy pequeños y existen grandes extensiones no habitadas, como las zonas marinas, es poco probable que caigan sobre alguien.

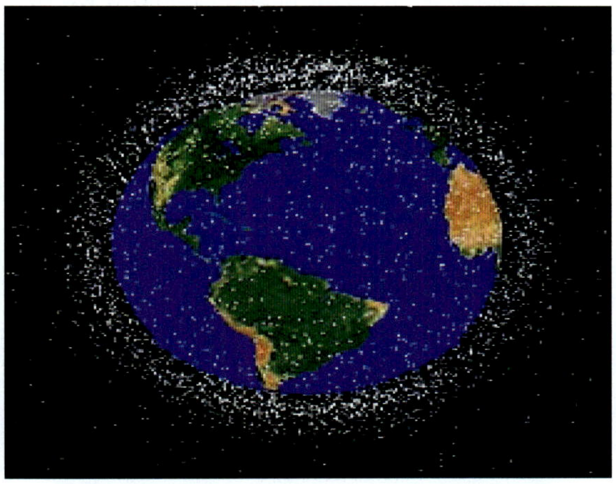

D RIESGOS DE LA BASURA ESPACIAL

persona cayéndole basura espacial encima

09-90b

Además de la posibilidad, muy remota, de que fragmentos de residuos espaciales caigan sobre nuestras cabezas, existen otros tipos de riesgos, debidos a la basura espacial.

- Las conexiones telefónicas internacionales, las señales televisivas, GPS y ciertos servicios de Internet dependen de satélites que se encuentran amenazados por la enorme cantidad de basura espacial que orbita alrededor de la Tierra.
- La colisión entre satélites o grandes trozos de chatarra puede generar miles de pequeñas piezas, cada una de ellas capaz de destruir otros artefactos espaciales.
- También supone un riesgo para el trabajo de los astronautas en el exterior de sus naves, ya que cualquier impacto de basura espacial, incluso de trozos muy pequeños, puede afectar a sus trajes protectores.

Restos de lo que inicialmente se creyó que era una parte del depósito auxiliar de un cohete o un satélite artificial caído en 2015 en Calasparra (Murcia).

E ¿QUÉ HACER?

PERSONA PENSANDO

09-90a

Actualmente no existe la tecnología desarrollada para limpiar el espacio de esta amenaza, pero se pueden tomar algunas medidas preventivas:

- Observación mediante radares y telescopios.
- Reducir el número de objetos espaciales.
- Establecer acuerdos internacionales.

F ALTA TECNOLOGÍA

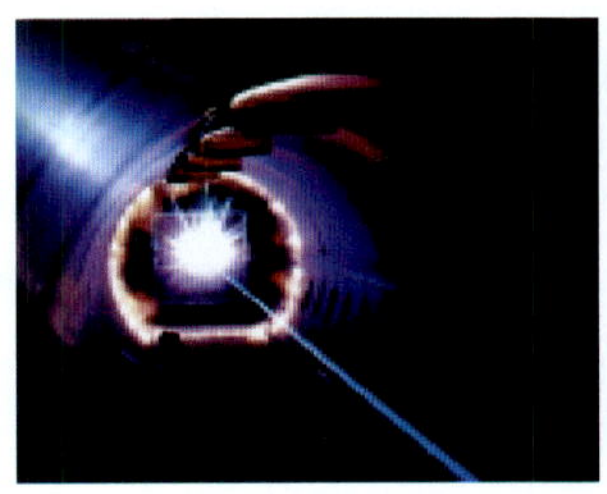

Algunos proyectos científicos proponen la utilización del sistema láser, para desviar la basura espacial de su órbita. En esencia, un impulso láser genera un pequeño empuje sobre la basura espacial, lo cual provocaría un cambio de trayectoria y evitaría la colisión, además de iniciar la reentrada en la atmósfera.

1. ¿De dónde proceden los residuos nucleares o radiactivos?
2. ¿Qué criterios se utilizan para el tratamiento de los residuos nucleares?
3. Explica las barreras que se utilizan para el aislamiento de los residuos nucleares.
4. ¿A qué denominamos basura o chatarra espacial?
5. ¿Qué riesgos comportan los residuos espaciales? ¿Cómo puedes verte afectado tú por estos riesgos?
6. ¿Qué se puede hacer para reducir la basura espacial? ¿Te parece fácil?

APRENDE A... FABRICAR COMPOST CASERO

El compost se elabora en las plantas de compostaje, pero también lo podemos obtener de forma casera. Con este producto de elaboración doméstica, además de obtener un **ahorro económico**, estarás ayudando al medio ambiente y aumentando la biodiversidad del terreno.

1. Planteamiento

Nos planteamos obtener compost de forma casera o artesanal. Para ello necesitamos una serie de materiales:

- Podemos aprovechar los **restos del jardín**: ramas de la poda, césped de la siega, paja, hojas y flores secas.
- De la **basura orgánica** de tu casa puedes usar posos de café e infusiones, pieles de hortalizas y fruta (excepto de cítricos), restos de verdura y cáscaras de huevos.
- **Recipientes** para realizar el compostaje que se venden en las tiendas. También puedes fabricar el tuyo propio con **palés de madera** o un **bidón** viejo. Sólo has de tener en cuenta que los restos orgánicos tienen que estar en contacto con el suelo para facilitar la descomposición por parte de los microorganismos (hongos y bacterias) de la tierra y que tenga los agujeros suficientes en las paredes laterales para que ventile bien.

No se debe utilizar:

- Desperdicios de carne o pescado ni excrementos de tus animales de compañía.
- Residuos de las plantas resinosas, como los pinos.
- Malas hierbas y plantas enfermas.

2. Procedimiento

1. Introduce los restos seleccionados en el recipiente de compostaje.

   Para acelerar el proceso puedes cortarlos en trozos más pequeños e incluso triturarlos, de esta forma los microorganismos actuarán mejor y más rápido.

2. Controla la temperatura, que deberá ser de entre 40 y 60 °C y revisa de vez en cuando que tenga buena ventilación. Si es preciso, airéalo a menudo para evitar que se pudra.

Recipiente para compostaje, de venta en tiendas.

3. Resultados

El tiempo para la obtención del compost puede ser de 3 meses con temperatura cálida (primavera y verano) y 6 meses con temperaturas suaves o frías (otoño e invierno). En verano, dejar los restos en un lugar sombreado.

Estará listo cuando se encuentre **frío y seco**, de un color **marrón negruzco**, similar al mantillo del suelo.

4. Conclusiones

Ahora que ya tenemos el compost, podemos obtener conclusiones al plantear algunas preguntas:

- ¿Qué beneficios tiene la fabricación del compost respecto a la generación de residuos?
- ¿Para qué podemos utilizar el compost?
- ¿Por qué el proceso es más rápido en verano?
- Seguro que existen procedimientos más mecanizados para obtener un compost de mejor calidad o más "fino".

Recipiente para compostaje de fabricación casera.

Restos orgánicos de varios tipos, utilizados para compostaje.

Compost obtenido al finalizar el proceso de compostaje.

1 Identifica las hipótesis

Imagina que hace alrededor de 30 años se produjo el siguiente acontecimiento:

La Administración inició ayer por la mañana la operación de arrojar residuos atómicos al océano en un lugar que la organización ecologista Greenpeace sitúa a más quinientos kilómetros de las costas.

El barco de acuerdo con la comisión atómica, comenzó a descargar los bidones que contienen un total de 3 000 toneladas de residuos atómicos.

Sobre el peligro que pudiera representar la existencia de este «cementerio atómico», en un lugar marítimo no excesivamente alejado de las costas y situado incluso en una zona en la que es frecuente la práctica de la pesca o por lo menos el tránsito de barcos pesqueros, ya se han pronunciado numerosos grupos ecologistas y algunos expertos.

¿Cuáles de las siguientes frases constituyen una hipótesis? Argumenta la respuesta.

1. Durante varios años han aparecido peces y moluscos con deformidades anatómicas.
2. Las deformidades de los peces son consecuencia del escape de residuos nucleares vertidos en una fosa marina cercana.

3. El incremento de cánceres en los habitantes de esa zona tiene como causa el consumo de pescado afectado por los residuos radiactivos vertidos al mar.

2 Diseña un experimento. La hora de recogida de la basura

A fin de preservar los espacios públicos y proteger la salud, así como la imagen de las ciudades y el derecho de todos los vecinos a disfrutar de un espacio limpio y no degradado y de un medio ambiente protegido, para el depósito de la basura hay una serie de normas de conducta a seguir por los ciudadanos, reguladas en las ordenanzas municipales, y también infracciones en el caso de su incumplimiento.

Los vecinos tienen la obligación de depositar la basura en el contenedor correspondiente y, además, hacerlo conforme a las normas de utilización establecidas. Es decir, si la recogida de basura es a partir de las 23.00 horas, las bolsas deberán depositarse, y así se informa en las tapas de los contenedores, desde dos horas antes y hasta la hora en que se procederá a su vaciado.

Quien lo haga, no obstante, fuera de ese horario y sea, además, sorprendido por los agentes de la autoridad local, cometerá, según se recoge en la Ordenanza Cívica, una infracción leve que será sancionada con el abono de la correspondiente multa.

Diseña un experimento o una actividad para comprobar si en las calles de tu barrio se cumple la normativa municipal en los siguientes aspectos:

1. Enuncia una hipótesis sobre si se cumple o no la normativa sobre la hora de echar la basura en los contenedores.
2. Haz una lista de los materiales necesarios.
3. Diseña el procedimiento para llevar a cabo la experiencia. Cómo tienes que realizar el muestreo, a qué horas, etc.
4. Interpreta los resultados.
5. Extrae conclusiones:
   a) ¿Se cumple la normativa?
   b) ¿En qué medida: mucho, poco, nada?

Cada municipio suele tener su normativa específica.

3 Analiza una tabla. El tiempo de degradación de los materiales

Los residuos que generamos como consecuencia de la utilización de recursos son **degradables** si se descomponen en su totalidad por procesos físicos, químicos o biológicos (biodegradables), como por ejemplo la materia orgánica. Otros, como los plásticos, son de **degradación lenta** y otros son **no degradables**, al no descomponerse por procesos naturales. La tabla muestra el tiempo que tarda cada material en degradarse en la naturaleza.

Tipo de material	Tiempo de degradación
Papel	2-12 semanas
Tejidos de algodón	1 a 5 meses
Madera pintada	Hasta 13 años
Botellas de plástico	100 años
Poliestireno	1 000 años
Vidrio	4 000 años
Hebra de fibra sintética	500 años
Latas	Entre 10 y 100 años
Colillas	3 meses
Pañuelos de papel	3 meses
Naranja	3 meses
Pañales	Entre 10 y 100 años
Compresas	5 meses
Neumáticos	Indeterminado

a) Clasifica los materiales de la tabla en: naturales y fabricados por el ser humano.

b) De las dos categorías anteriores, ¿qué materiales tardan más en degradarse? ¿Cuál crees que es la razón?

c) ¿Cuáles agruparías en los tipos: **degradables**, de **degradación lenta** y **no biodegradables**?

d) Piensa e indica 3 objetos que utilices con frecuencia y que puedan ser residuos de cada una de las tres categorías: renovables, no renovables y potencialmente renovables.

e) Investiga el problema que representan los plásticos acumulados en el mar.

4 Interpreta un gráfico

El gráfico siguiente, en forma de pirámide, representa un tipo de jerarquía o preferencia en la gestión de los residuos.

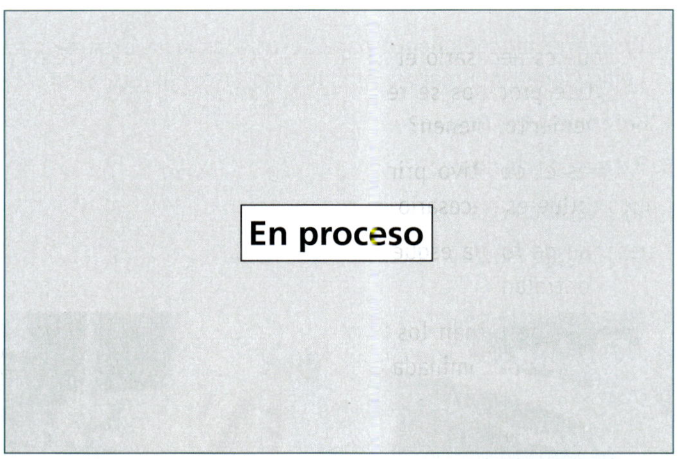

a) ¿Qué representa cada una de las partes en las que está dividida la pirámide, con diferentes colores?

b) Si tuvieras que poner en cada una de las flechas los términos "opción más favorecedora" y "opción menos favorecedora", ¿en cuál de las dos situarías cada opción?

c) ¿Qué relación habrá entre el tamaño de cada división de la pirámide y la preferencia en la gestión de los residuos?

5 Analiza un texto

El funcionamiento de las pilas se basa en un conjunto de reacciones químicas que proporcionan un pequeña cantidad de electricidad. Su mayor ventaja es la autonomía, y su mayor inconveniente son los efectos de los metales pesados empleados en su fabricación, que liberados al medio ambiente producen serios problemas de contaminación. Si las pilas son arrojadas con el resto de la basura doméstica, su degradación libera al medio ambiente los metales pesados. En estos lugares las pilas sufren la corrosión y rotura de sus carcasas por efecto de la acción climática y por el calor (hasta 70 °C) producido por la fermentación de la basura orgánica.

La peligrosidad de los metales pesados se debe a que no son química ni biológicamente degradables y pueden permanecer en el ambiente durante cientos de años. Además, su concentración aumenta en los seres vivos a medida que estos son ingeridos por otros.

Los metales pesados provocan retraso en el desarrollo, varios tipos de cáncer, daños en el riñón e incluso la muerte. Altos niveles de mercurio y plomo producen enfermedades autoinmunes y de los sistemas circulatorio y nervioso.

a) Busca en el diccionario el significado de las palabras: corrosión, carcasa, degradar, autoinmune y autonomía.

b) Pon un título al texto y expresa la idea principal.

Síntesis. Tratamiento de residuos

- Los residuos proceden del sector primario (Agrícolas, ganaderos y forestales), del sector secundario (Industriales y radiactivos) y del sector terciario (Sólidos urbanos y sanitarios).
- La estrategia fundamental de las Tres erres (RRR) es: Reducir la generación de residuos en origen, Reutilizar para recuperar y Reciclar.
- La gestión de los residuos comprende: recogida, acondicionamiento, almacenamiento, transporte, valorización y eliminación.
- La recogida clasifica los residuos, y el acondicionamiento, el almacenamiento y el transporte están muy relacionados entre sí.
- La recogida selectiva en contenedores específicos, favorece el adecuado tratamiento de los residuos.
- El reciclado o reciclaje es uno de los tratamientos de residuos con mayor éxito ambiental.
- El reciclaje tiene ventajas a nivel ecológico, económico y social.
- El tratamiento de las aguas residuales se realiza en las Estaciones de Tratamiento de Aguas Residuales (EDA), donde se llevan a cabo una serie de tratamientos: primario, secundario y terciario.
- La incineración es una alternativa a los vertederos porque reduce la cantidad de residuos, de forma muy notable. Pero puede ser muy contaminante y dañina para la salud, si no se realiza de forma controlada.
- La acumulación en vertederos supone el rechazo final del residuo.
- Los vertederos se instalan en lugares con unas características adecuadas.
- Los residuos nucleares y espaciales son un tipo de residuos que requieren una atención muy especial.
- Los residuos espaciales constituyen un problema ambiental cada vez mayor.
- La sensibilización ciudadana, favorece las soluciones al problema de los residuos.

En proceso

1 CONSOLIDA LO APRENDIDO

a) ¿Qué es un residuo? ¿Cuál es la composición básica de los residuos urbanos?

b) ¿Qué ventajas tiene para el medio ambiente la recogida selectiva de residuos? ¿Cuál podrá ser el recorrido de una partícula de residuo desde que se genera hasta su tratamiento final?

c) ¿Qué beneficios aporta el reciclaje al medio ambiente?

d) ¿Por qué es necesario el tratamiento de las aguas residuales? ¿Qué procesos se realizan para su depuración? ¿Qué inconvenientes tienen?

e) ¿Cuál es el objetivo principal de la incineración de residuos? ¿Qué es necesario controlar?

f) Describe de forma esquemática la estructura de un vertedero controlado.

g) ¿Cómo se gestionan los residuos nucleares? ¿Qué peligro comporta la denominada basura espacial?

DEFINE CONCEPTOS CLAVE

- Residuo
- Reciclaje
- Gestión integral
- Depuradora
- Incineración
- Vertedero controlado
- Residuo nuclear
- Compostaje

RESPONDE A LA PREGUNTA INICIAL

¿Qué tipos de tratamientos se utilizan para los diferentes tipos de residuos?

TÉCNICAS DE ESTUDIO: www.tiching.com/000000

Practica una técnica de estudio a partir de la síntesis.

10 EL DESARROLLO SOSTENIBLE

¿Qué tipo de acciones están orientadas hacia un desarrollo sostenible?

La humanidad consume una gran cantidad de recursos, muchos de origen natural y que no son inagotables. Tenemos la responsabilidad de preservarlos, para las generaciones futuras.

Seguir las pautas del desarrollo sostenible implica aceptar una serie de principios y conductas; por ejemplo, la progresiva sustitución de las energías no renovables por las renovables.

La especie humana, desde su aparición sobre la Tierra, ha debido satisfacer sus necesidades básicas. Ha tenido que alimentarse, vestirse, construir y protegerse de algunos fenómenos naturales. Para atender esas demandas fundamentales, el hombre ha utilizado, cada vez en mayor cantidad, los recursos que se encuentran en la naturaleza y que son parte integrante del medio ambiente. Los más importantes son el agua, el suelo, los seres vivos y los minerales y las rocas.

Debido al aumento del conocimiento, del bienestar y del nivel de vida de la población humana, el consumo de recursos ha ido en ascenso en casi todas las zonas de la Tierra, según se ha ampliando la capacidad de sus habitantes para el mejor uso de los recursos disponibles.

Sin embargo, muchos recursos no son inagotables, porque no son renovables. La humanidad debe tomar conciencia de ello y actuar en consecuencia.

¿Qué sabemos?

- ¿Qué tipo de recursos utilizamos?
- ¿Cómo utilizamos estos recursos?
- ¿Quiénes consumen mayor cantidad de recursos?
- ¿Qué medidas estamos tomando para limitar el consumo?

¿Qué aprenderemos?

- Cómo se clasifican los recursos.
- El significado de la huella ecológica.
- Los principios del desarrollo sostenible.
- La educación ambiental.

Con nuestras acciones diarias, podemos contribuir a alcanzar los objetivos del desarrollo sostenible. Para ello los programas o campañas de sensibilización ambiental son muy importantes.

1 Tipos de recursos

Los **recursos naturales** son el conjunto de elementos del medio natural, que sirven para cubrir las necesidades biológicas o bien para satisfacer las demandas sociales. Si el elemento ha sido elaborado o construido por el hombre, decimos que es un **recurso artificial**.

Según su capacidad de **regeneración**, los recursos naturales se clasifican en: **renovables, potencialmente renovables y no renovables**.

- Los **renovables** son aquellos cuya capacidad de regeneración es más rápida que el ritmo al que se explotan y consumen. Son inagotables a escala humana; por ejemplo: la energía solar y el viento.
- Los **potencialmente renovables** son aquellos recursos capaces de renovarse, siempre y cuando su explotación se realice de una manera que evite su sobreexplotación, de modo que el recurso se pueda renovar o regenerar de manera natural, como el agua limpia y los bosques.
- Los **no renovables**, como los minerales y el petróleo, son aquellos recursos que existen en una determinada cantidad en la naturaleza y se generan de manera lenta, mediante procesos geológicos, físicos o químicos que tienen lugar a lo largo de miles de años. Su regeneración es muchísimo más lenta de lo que es su consumo.

Según su **naturaleza** los recursos naturales se clasifican en: **agrícolas**, **hídricos**, **edáficos**, **minerales**, **energéticos**, **forestales**, **pesqueros** y **marinos**.

Los recursos energéticos se utilizan para la obtención de los otros recursos. Se clasifican en energías no renovables, como el carbón, el petróleo, el gas natural y la energía nuclear; y renovables como las energías solar, eólica, hidroeléctrica y aeromotriz.

CLASIFICACIÓN DE LOS RECURSOS NATURALES

En proceso

Energías no renovables

Mina de Carbón

Pozo de petróleo

Gaseoducto de gas natural

Central nuclear (uranio)

Energías renovables

Solar (sol)

Eólica (viento)

Biomasa (masa vegetal)

Hidroeléctrica (saltos de agua)

Geotérmica (calor interno)

Mareomotriz (mareas)

Hidrógeno como combustible.

COMPETENCIAS EL PETRÓLEO SE AGOTA

Prácticamente todos los objetos que nos rodean se fabrican a partir de productos derivados del petróleo, desde la carcasa del ordenador hasta la suela del zapato. Es un producto necesario para mover al mundo pero es un recurso no renovable.

Un barril de petróleo = 159 litros.

La teoría del pico de **Hubbert**, cenit del petróleo o agotamiento del petróleo, predice que la producción mundial de petróleo llegará a su cenit o máximo y después decrecerá tan rápido como creció. Esta idea es controvertida, pero es aceptada entre gran parte de la comunidad científica. Lo que sí es evidente es que el ritmo de consumo actual de petróleo no se puede mantener, porque tarde o temprano se agotará.

a) ¿Cuántos litros de petróleo al año producirá un país, que extrae de sus yacimientos 2,5 millones de barriles diarios?

b) Si el consumo de petróleo es de 93,3 barriles/día, ¿cuál será el consumo anual en litros?

c) ¿Aproximadamente en qué años estaba previsto el máximo de producción de petróleo por Hubbert? ¿Qué ocurre con la producción a partir de ese máximo o pico?

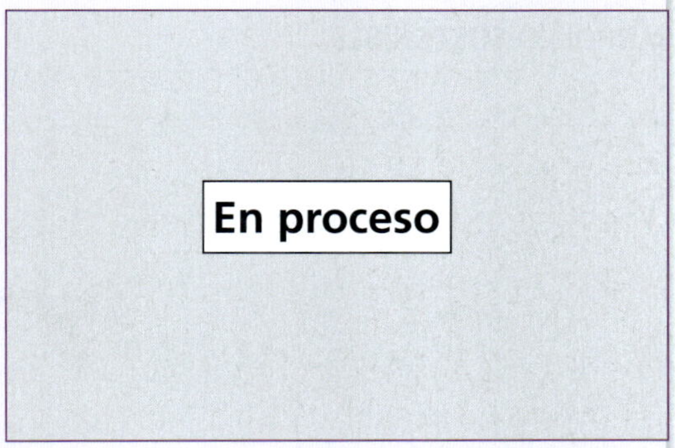

Gráfica del pico de Hubbert.

d) ¿A partir de qué momento crees que habrá serios problemas para disponer del petróleo necesario? ¿Qué soluciones propondrías para disminuir la dependencia del petróleo?

e) ¿Qué crees que se debe hacer para no depender tanto del petróleo?

La energía eólica

En España, entre todas las energías renovables, destaca por su importancia la energía eólica. España es el tercer país en cuanto a potencia eólica instalada, por detrás de Alemania y Estados Unidos. La energía del viento es recogida por las palas de los aerogeneradores, mal denominados "molinos de viento" (porque no se usan para moler), y transformada en energía eléctrica.

a) ¿Qué función crees que desempeñan los siguientes elementos: palas, multiplicador, generador eléctrico, anemómetro, veleta, mecanismo de orientación?

b) Teniendo en cuenta que una tonelada equivalente de petróleo (Tep) son aproximadamente $6,84 \times 10^6$ barriles y que 10 megavatios de potencia eléctrica equivalen a 2 064 Tep, ¿de cuántos barriles de petróleo podremos prescindir, con 5 parques eólicos (conjuntos de varios aerogeneradores) de 10 Mw de potencia cada uno?

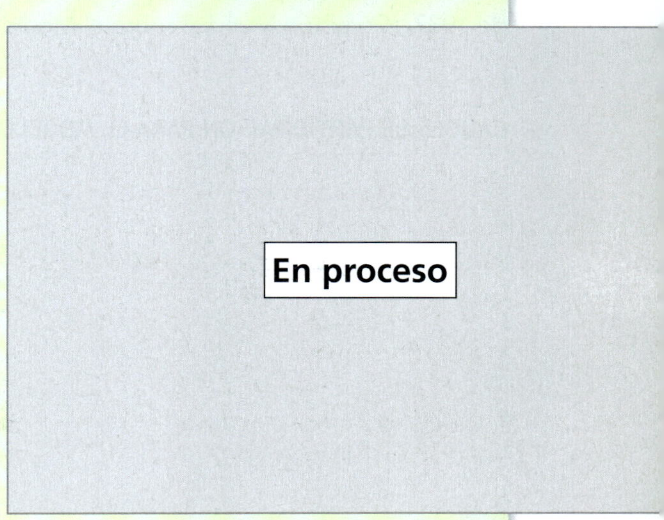

@ Amplía en la Red...

Para saber más sobre la energía nuclear entra en:
www.tiching.com/000000
http://www.rtve.es/alacarta/videos/documentos-tv/documentos-tv-busca-energia/1947972/

1. ¿Cuál es la diferencia fundamental entre recursos renovables y recursos no renovables?
2. Indica a qué tipo de recurso pertenecen cada uno de los siguientes elementos: un árbol, mineral de hierro, el atún, la luz solar y el petróleo.
3. El término "recursos no renovables", ¿quiere decir que no se renuevan nunca?
4. La energía de la biomasa es una energía renovable. Sin embargo, retiramos plantas del campo para utilizarlas como combustible. ¿Por qué se considera entonces renovable?

2 El desarrollo sostenible

La explotación de los recursos naturales para abastecer las necesidades humanas origina fuertes **impactos ambientales**. Se entiende por **impacto ambiental** el efecto que produce una determinada acción humana sobre el medio ambiente, como la **sobreexplotación** de los recursos.

En 1900 éramos 900 millones de habitantes sobre la Tierra, hoy somos más de 7 000 millones y en 2100 seremos más de 9 000 millones, por lo que, probablemente, no habrá suficientes recursos para todos.

Sin embargo, se pueden seguir tres modelos de desarrollo:

- **Explotación incontrolada.** Prevalece el desarrollo económico sobre la conservación del medio natural.
- **Conservacionismo a ultranza.** Es prioritaria la conservación del medio natural sobre el desarrollo económico.
- **Desarrollo sostenible.** Busca el equilibrio entre la conservación del medio natural y el desarrollo económico.

La ONU define el **desarrollo sostenible como** el modelo que satisface las necesidades de la generación presente sin comprometer la capacidad de las generaciones futuras para satisfacer sus propias necesidades. Fue formulado en un informe titulado «Nuestro futuro común» de 1987, (Comisión Mundial sobre el Medio Ambiente y el Desarrollo).

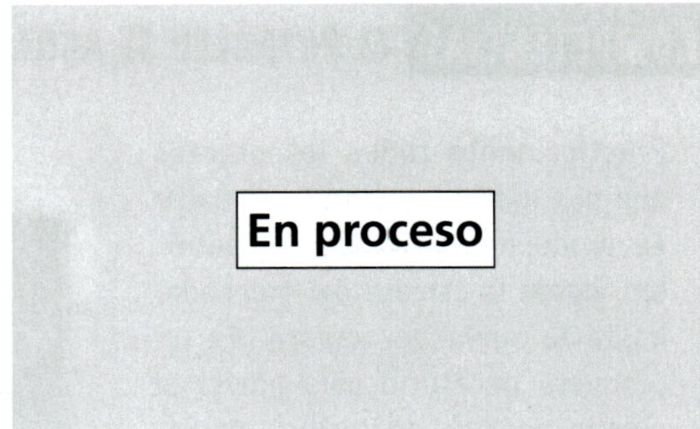

El desarrollo sostenible se alcanza cuando existe un **equilibrio** entre los factores ecológicos, económicos y sociales.

Con nuestras acciones, todos somos importantes para seguir el modelo de desarrollo sostenible.

CAUCES DE PARTICIPACIÓN PARA EL MODELO DE DESARROLLO SOSTENIBLE

PROYECTO CAMPAÑA DE SENSIBILIZACIÓN PARA EL AHORRO DE ENERGÍA

Procedimiento

Junto a tus compañeros, elabora una encuesta que recoja los hábitos en el consumo de energía de vuestras familias y conocidos, incluido el centro escolar. La encuesta se puede realizar a un grupo, varios e incluso a todo el centro. Después se analizan los datos y se proponen medidas concretas.

El modelo de encuesta se puede variar, por ejemplo, añadiendo más preguntas. Una vez recogidas las encuestas, habrá que realizar gráficos de barras para presentar los resultados. En el eje de las *X*, situaremos cada pregunta con las dos opciones "si" y "no", y en el eje de las *Y* el número de individuos. Es evidente que cuantos más noes haya, menos **sostenibles** son los hábitos energéticos de los ciudadanos.

Una vez analizados los datos, se puede continuar la campaña con la exposición en las aulas y otras partes del centro, mediante carteles y con mensajes de sensibilización a los ciudadanos sobre la necesidad de controlar la utilización de los recursos energéticos.

Conclusiones

a) ¿Qué opinión te merecen los resultados de la encuesta? ¿Crees que los ciudadanos encuestados tienen un comportamiento sostenible, respecto al uso de energía?

b) También puedes ver si hay diferencias entre unos grupos y otros, agrupando los datos después hacer la comparación.

MODELO DE ENCUESTA

Acciones habituales	Sí	No
¿Apagas la televisión cuando no la estás viendo?		
¿Utilizas bombillas de bajo consumo?		
¿Utilizas termostatos en la calefacción?		
¿Utilizas la lavadora a plena carga?		
¿Utilizas el lavavajillas a plena carga?		
¿Las ventanas y puertas están ajustadas?		
¿Utilizas habitualmente el transporte público?		
¿Tienes a punto tu moto o automóvil?		
¿Utilizas continuamente el teléfono?		

MODELOS DE MENSAJES PARA LA CAMPAÑA DE SENSIBILIZACIÓN

Apaga las luces cuando no las necesites. Siempre que sea posible, utiliza la iluminación natural. Utiliza bombillas de bajo consumo.

Apaga el televisor, el equipo de música, el video y el ordenador, cuando no los estés usando. Si los dejas en standby consumen hasta un 10 % más de energía.

Evita abrir de forma continua la puerta del figorífico. La pérdida de frío hace trabajar más al compresor para alcanzar la temperatura programada.

Utiliza la calefacción y el aire acondicionado con moderación. Las temperaturas ideales para calefacción son entre 19 y 20 °c y para el aire acondicionado 25 °c.

Sécate bien el pelo con una toalla antes de usar el secador. Así reduces el exceso de humedad y el secador funciona durante menos tiempo.

Separa la basura de los materiales que puedan ser reciclados. Cada botella de vidrio reciclada ahorra la energía que necesitan cinco bombillas de bajo consumo para funcionar cuatro horas.

????????????
Elabora otros mensajes, que están en consonancia con el desarrolllo sostenible.

Utiliza el transporte público para reducir la contaminación y el consumo de petróleo. Utiliza con moderación el teléfono.

1. ¿Qué diferencias crees que existen entre los tres tipos de desarrollo económico?
2. ¿Qué es la huella ecológica?
3. Indica cinco acciones que puedas realizar tú, para cumplir con los requisitos del desarrollo sostenible.
4. ¿Crees que actualmente seguimos el desarrollo sostenible?

3 La huella ecológica

En la actualidad, las riquezas están repartidas de manera muy desigual, ya que el 20% de la población mundial consume el 80% de los recursos del planeta. A esta desigualdad se añade que consumimos más de lo que la Tierra puede proporcionar. Necesitamos más de una Tierra para vivir; ya que nuestra huella ecológica se ha incrementado de forma insostenible en el último siglo.

La **huella ecológica** es la demanda que ejercemos sobre el medio ambiente. Se calcula en unidades de superficie (Hectáreas), que necesitamos cada uno de nosotros. Es una estimación del territorio ecológicamente productivo, necesario para producir los recursos utilizados y para asimilar los residuos generados por una población, con un modo de vida determinado.

Para el calculo de la huella ecológica se consideran los terrenos de la tabla siguiente:

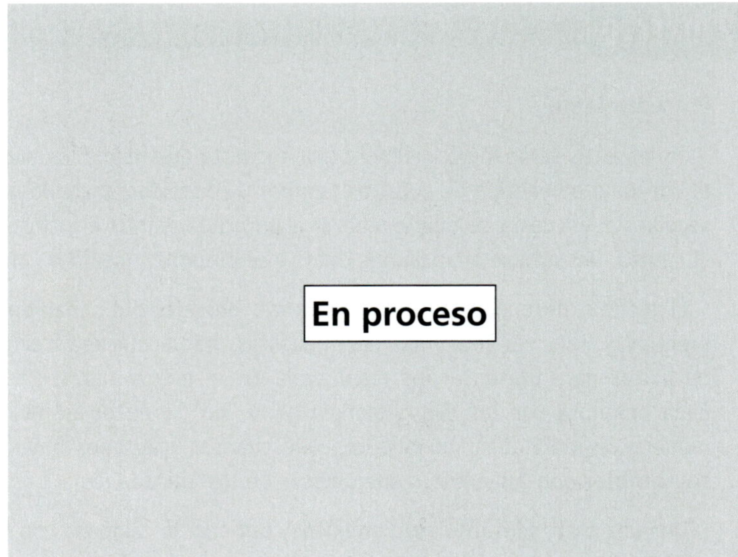

Huella ecológica mundial. A nivel mundial se estima una huella ecológica de 2,7 hectáreas per capita.

Cultivos	**Superficies con actividad agrícola y que constituyen la tierra más productiva, desde el punto de vista ecológico, pues es donde hay una mayor producción neta de biomasa, que sea utilizable por las comunidades humanas.**
Pastos	**Espacios utilizados para el pastoreo de ganado y, en general, considerablemente menos productiva que la agrícola.**
Bosques	**Superficies forestales ya sean naturales o repobladas, pero siempre que se encuentren en explotación.**
Mar productivo	**Superficies marinas en las que existe una producción biológica mínima, para que pueda ser aprovechada por la sociedad.**
Terreno construido	**Considera las áreas urbanizadas o bien ocupadas por infraestructuras.**
Área de absorción de CO_2	**Superficies de bosque necesarias para la absorción de la emisión de CO_2, producido por el uso de combustibles fósiles utilizados para la producción de energía.**

Al analizar la huella ecológica mundial, observamos que hay regiones de la Tierra que necesitan menos de un planeta para su modo de vida; sin embargo hay otras regiones, que necesitan mas de 4 planetas.

Huella ecológica y biocapacidad

La **capacidad de carga** o **biocapacidad** de una zona, equivale a la máxima explotación a que puede ser sometido un terreno sin dañar de manera permanente su productividad.

Cuando la huella ecológica supera la biocapacidad, se produce un **déficit ecológico**. Así por ejemplo, si un país tienen una biocapacidad de 2,3 has/persona y su huella ecológica es 4,5 has/persona, ese país tiene un déficit ecológico, por **sobreexplotación** de los recursos; no sería sostenible.

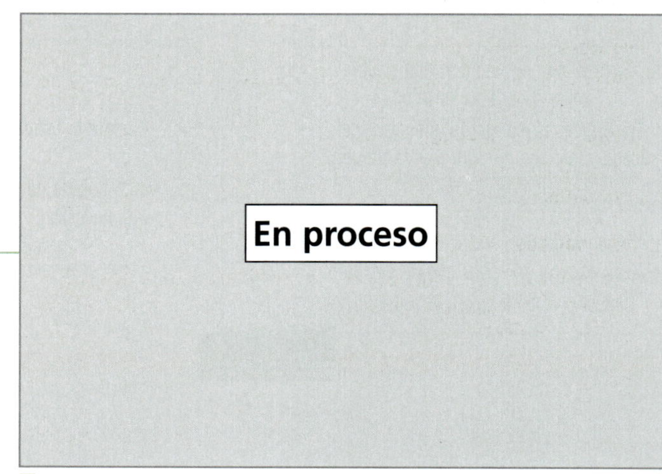

Evolución de la huella ecológica en España en relación a la biocapacidad.

COMPETENCIAS CALCULA TU HUELLA ECOLÓGICA

La huella ecológica se puede calcular de forma sencilla y simplificada a partir de numerosos enlaces disponibles en Internet.

La huella ecológica puede ser global o solamente parcial, como es el caso de la huella hídrica o la huella de carbono.

Puntúa según la forma de utilización de los recursos	Puntos
a) Energía. Electricidad **a.1) Origen** - Uso de energía de la red (45) - Uso de algún tipo de energía renovable (5) **a.2) Lavadora y lavavajillas** - Espera a que estén llenos sin importar el consumo (85) - Se utilizan sin tener en cuenta la cantidad ni el consumo (100) - Son de consumo eficiente y se utilizan cuando están llenos (40)	
b) Calefacción – Aire acondicionado - La temperatura de la calefacción supera los 20 °C (15) - En épocas calurosas abre la ventana sin apagar el aire (40) - La pone de manera moderada aunque tenga que abrigarse un poco (5)	
c) Transporte - Utiliza el transporte público (5) - Va andando, en bici o ciclomotor (3) - Va en su coche (70)	
d) Alimentación **d.1) Frutas y verduras** - Consume frutas y verduras de su región sin envasar (2) - Consume frutas y verduras de su región a veces envasadas (5) - No consume frutas y verduras de su región, son de otras regiones y muchas veces, envasadas (10)	
d.2) Restos de la comida que sobra - Los tira al inodoro (150) - Procura aprovecharlos (50) - Separa los restos para reciclar (130)	
e) Agua - Para enjuagarse los dientes utiliza el agua de un vaso y abre el grifo solo lo necesario (5) - Deja que corra el agua con el grifo abierto (15) - Se baña (15) - Se ducha (5)	
f) Residuos - Los pone en una única bolsa y los echa al contenedor (70) - Intenta reutilizarlos, y los separa y los echa en el contenedor adecuado (55)	
Total de puntos	

Interpretación de los resultados

- Si la puntuación de la huella ecológica es menor de 200 puntos, se adapta a la capacidad de carga del planeta y no provoca déficit ecológico. Es un ejemplo a seguir.
- Entre 200 y 400 puntos, la huella ecológica es superior a la capacidad de carga y significa que se apropia de recursos que no le pertenecen. Si todas las personas consumieran igual, serían necesarias más de dos Tierras.
- Por encima de 400 puntos, el ritmo de vida es insostenible, la huella ecológica es superior a la media europea. Serían necesarias más de tres Tierras para mantener a toda la población humana

Huella hídrica y de carbono

La **huella hídrica** o huella de agua se define como el volumen total de agua dulce usado para producir los bienes y servicios generados por una empresa, o consumidos por un individuo o comunidad.

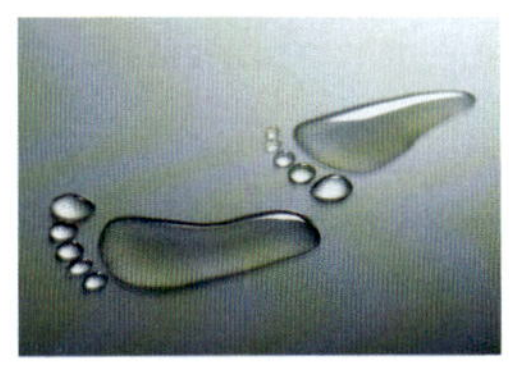

La **huella de carbono** pretende cuantificar la cantidad de emisiones de gases de efecto invernadero (GEI), medidas en emisiones de CO_2 equivalente, que son liberadas a la atmósfera debido a nuestras actividades cotidianas o a la comercialización de un producto.

1. ¿Qué es la huella ecológica? ¿Qué elementos se tienen en cuenta para su cálculo?

2. Una región con una capacidad de 2,1 ha/persona y la huella ecológica de 3,5 ha/persona, ¿qué obtiene?

4 La eficiencia energética

Reducir la dependencia económica del petróleo y los combustibles fósiles, es una tarea urgente, por la amenaza del cambio climático global y otros problemas ambientales y porque, además, son recursos que se van agotando.

La **Eficiencia Energética** consiste en la reducción de consumo de energía, sin disminuir la calidad de vida, asegurando el abastecimiento de energía, protegiendo el medio ambiente y fomentando la sostenibilidad. Para ello, existen diferentes técnicas de ahorro y del uso eficiente de la energía:

1. **Cogeneración.** Es una técnica en la que se aprovecha el calor residual. Por ejemplo, utilizar el vapor caliente que sale de una turbina de producción de energía eléctrica, para suministrar energía para otros usos. Esta técnica se emplea cada vez más en industrias, hospitales, hoteles y, en general, en instalaciones en las que se produce vapor o calor, porque supone importantes ahorros energéticos y económicos.
2. **Ahorro de combustible en el transporte.** Mejorar el diseño aerodinámico de los automóviles, disminuir su peso y diseñar motores con menor consumo. Los coches que funcionan con electricidad, con metanol, etanol o con otras fuentes de energía alternativas, contaminan menos y ahorran consumo de petróleo.
3. **Aislamiento de edificios.** Se puede ahorrar mucha energía aislando adecuadamente las viviendas, oficinas y edificios que necesitan calefacción o aire acondicionado para mantenerse confortables. En casas pequeñas, medidas tan sencillas como plantar árboles que den sombra en verano o que corten el viento en invierno, pueden ahorrar hasta un 40 % del consumo de energía.
4. **Industrias y reciclaje.** Muchas empresas se han dado cuenta de que una de las maneras más eficaces de reducir costos y mejorar los beneficios es usar eficientemente la energía. Reciclar las materias primas es una forma muy eficaz de hacerlo. Por ejemplo, reciclar el acero emplea solo el 14 % de la energía que se usaría para obtenerlo, y en el caso del aluminio tan solo el 5 %.
5. **Diversificación energética.** Consiste en aumentar la variedad de fuentes de energía, sobre todo renovables, para evitar su fuerte dependencia externa y reducir la contaminación.

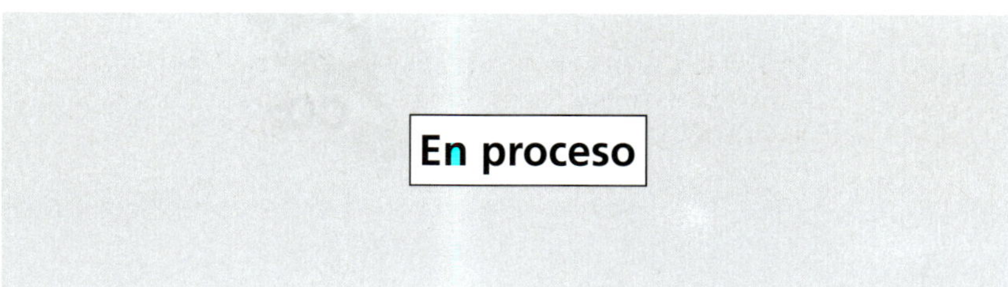

En la cogeneración, el calor residual que se perdería es utilizado como fuente de energía para calefacción u otros procesos.

Eficiencia energética de los electrodomésticos

Existen 7 clases de eficiencia identificadas por un código de colores y letras que van desde el color verde y la letra A+++, para los equipos más eficientes, hasta el color rojo y la letra D, para los equipos menos eficientes. El uso de electrodomésticos más eficientes contribuye a generar menos residuos. Cada clase de eficiencia tiene un valor de consumo en relación a la media.

C y D indica gran consumo energético, A y B indican consumo medio, y A+++, A++ y A+ indican gran eficiencia.

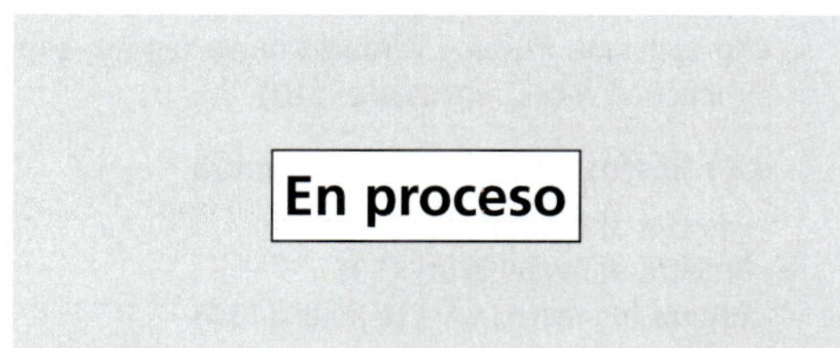

Diferentes constructores de automóviles fabrican ya coches eléctricos.

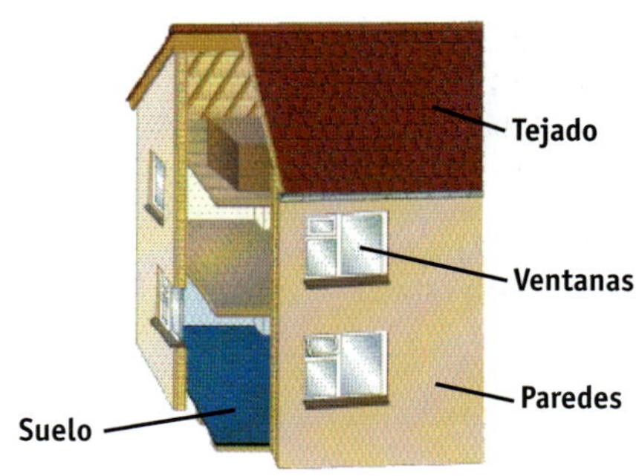

En el aislamiento de las viviendas hay una serie de puntos principales sobre los que se puede actuar para ahorrar energía.

COMPETENCIAS LA MEJORA DEL RENDIMIENTO ENERGÉTICO BENEFICIA AL MEDIO AMBIENTE

Las principales características de la energía son:

- Puede **transferirse** de un cuerpo a otro. Por ejemplo, la energía mecánica de las aspas de un molino, movidas por el viento, se transfiere al eje central donde estas se sujetan y, desde este, a un mecanismo conectado a él, como una bomba para extraer agua.
- Puede **medirse.** El julio es la unidad de energía en el Sistema Internacional.
- No puede crearse ni destruirse, solo se transforma de una forma a otra, según el **principio de la conservación de la energía.** En estas transformaciones, la energía total permanece constante; es decir, la energía total es la misma antes y después de cada transformación.
- En toda transformación de energía, una parte de esta se convierte en formas de energía menos utilizables, a la que denominamos **energía degradada** y que, normalmente, se presenta en forma de calor. Por ejemplo, en el caso del molino, parte de la energía se degrada a energía calorífica, debido al rozamiento entre piezas.

Energía útil = Energía total + Energía degradada

$$\text{Rendimiento de la transformación (\%)} = \frac{\text{Energía útil}}{\text{Energía total}} \times 100$$

Problema. Durante una hora, una persona limpia su casa con un aspirador de 1 000 W (vatios) de potencia, que consume $3{,}5 \times 10^6$ J (julios) de energía por cada hora de funcionamiento. La energía útil de la transformación de energía eléctrica en energía mecánica del aspirador es $1{,}3 \times 10^6$ J.

a) Calcula el rendimiento de la transformación.

b) ¿Cuál es el porcentaje de energía degradada, en forma de calor, en esta transformación energética? ¿Cuál es su valor en julios?

Las bombillas de ahorro

La finalidad de las bombillas es dar luz, pero solo un porcentaje pequeño de la energía eléctrica que llega a las bombillas tradicionales incandescentes se transforma en energía lumínica (5 %), el resto se transforma en energía degradada en forma de calor (95 %), por eso queman cuando las tocamos. Actualmente existen unas bombillas o lámparas, llamadas **lámparas de ahorro**, que, con menor potencia que las tradicionales, producen mayor luminosidad y duran más tiempo. Tienen mayor eficacia luminosa y cuestan más, pero consumen menos vatios.

a) ¿Cuáles son las lámparas con mayor y menor eficacia luminosa?

b) Imagina que en un lugar has instalado 10 lámparas Led de 12 W de potencia y una eficacia luminosa de 82,9 lm/W cada una. ¿Cúanto suman los vatios en total y la eficacia luminosa total?

c) ¿Cuántas lámparas incandescentes de 30 W y 12,6 lm/W tendrías que instalar para obtener la misma eficacia luminosa total?

CARACTERÍSTICAS DE LOS DIFERENTES TIPOS DE LÁMPARAS

Tipo de lámpara	Eficacia luminosa (lm/W)	Vida media (horas)
Incandescentes	6-16,8	1 000
Halógenas	10,4-22	2 000-5 000
Fluorescentes	65-104	12 000-20 000
Fluorescentes compactas	33,3-74	13 000-20 000
Led	80-100	50 000

La eficacia luminosa de una lámpara es la cantidad de luz emitida: lm (lumen), por unidad de potencia consumida: W (vatio), y se mide en lm/W (lumen/vatio).

1. ¿Para qué se utiliza la cogeneración energética?
2. ¿Reciclar ahorra energía? ¿Por qué?
3. ¿Crees que reciclar supone un ahorro energético? Razónalo.
4. ¿Cómo mejorarías el ahorro energético en tu centro escolar?

5 Las agendas 21 y el desarrollo sostenible

El **programa 21** o **agenda 21** se inicio, en Naciones Unidas, en 1987, y su desarrollo culminó en la Cumbre de la Tierra de Río de Janeiro, de 1992. Es un programa que hace referencia al siglo XXI y establece las bases para poner en práctica un desarrollo sostenible. Existe una agenda 21 a nivel mundial y el objetivo es crear agendas 21 a otros niveles (nacional, local en ciudades, etc.).

La agenda 21 plantea las siguientes **actuaciones**:

- Realiza un **balance de la situación** de los seres humanos (como la pobreza), del aire, del agua, de los animales, de las plantas, de las energías utilizadas y de los residuos.
- **Fija objetivos** relacionados con la lucha contra el cambio climático, la protección de los recursos naturales y la biodiversidad, la igualdad entre hombres y mujeres, la infancia y la juventud.
- Establece los **medios prácticos** o de **ejecución** para alcanzar los objetivos propuestos. Por ejemplo:
  - Recursos y mecanismos de **financiación**. Es decir, dinero para los proyectos.
  - Transferencia de **tecnología ecológica**, por ejemplo, electrodomésticos más eficientes, energías renovables, etc.
  - Utilizar la **ciencia**, para el desarrollo sostenible. Presentar proyectos científicos o seguir modelos sostenibles.
  - Fomento de la **educación**, la capacitación y la toma de conciencia. Fomentar la sensibilidad ambiental.
  - Mecanismos nacionales y **cooperación internacional** para fomentar la autogestión de los países en desarrollo.
  - **Acuerdos internacionales**. Para la lucha contra la contaminación, la deforestación, etc.
  - Instrumentos y **mecanismos jurídicos** internacionales, es decir, leyes y normas ambientales.

Las agendas 21 locales

Las agendas 21 proponen diversas medidas. Por ejemplo, la ciudad francesa de Pamiers, estableció, entre otras, las siguientes medidas:

- Calefacción de leña y energía solar en el centro de actividades.
- Productos biológicos o locales para el comedor del centro escolar.
- Transporte escolar en "bicibus".
- Un ahorro anual de un 10% en agua, electricidad y calefacción por parte del ayuntamiento.

En España numerosos núcleos urbanos comenzaron la fase de implantación de su agenda 21 local, pero la crisis económica paralizó muchos proyectos, que se quedaron en esa fase.

Desplazamiento al centro escolar en "bicibus".

@ Amplía en la Red...

Para saber más sobre Greenpeace España: www.tiching.com/000000
www.greenpeace.org/espana/es/

Las organizaciones ecologistas

Las ideas para establecer una agenda 21 pueden ser de una o de varias personas elegidas para ello, en una ciudad. Posteriormente, las ideas se debaten en reuniones en las que pueden participar asociaciones de vecinos, empresas, profesores, alumnos, ONG, etc.

El fortalecimiento de las Organizaciones No Gubernamentales (**ONG**), asociadas en la búsqueda de un desarrollo sostenible, desempeña un papel importante en la búsqueda de soluciones a los problemas ambientales.

Amigos de la Tierra, Ecologistas en Acción, World Wildlife Fund for Nature (Fondo Mundial para la Naturaleza) Greenpeace y SEO/BirdLife (Sociedad Española de Ornitología), son todas ellas asociaciones ecologistas que tienen diferentes campos y medios de actuación, pero su objetivo principal es la defensa del medio ambiente y el desarrollo sostenible.

Amigos de la Tierra
WWF
ecologistas en acción
GREENPEACE
SEO BirdLife

COMPETENCIAS UTILIZA LAS TIC

Realiza un trabajo de **investigación** sobre una o varias de las ONG ambientalistas citadas o de otras que conozcas o tengas información. En Internet existe mucha información sobre estos grupos.

Un grupo de activistas de Greenpeace tratan de bloquear el transporte de residuos nucleares por ferrocarril en Alemania, el 15 de febrero de 2011.

Para dar a conocer el trabajo sería conveniente elaborar una presentación en el aula. Como orientación, debes tener en cuenta, al menos, los siguientes aspectos relacionados con cada ONG:

- Fecha de fundación y si es un grupo internacional, nacional o solamente local.
- Sede o sedes principales donde tienen su domicilio, y número de socios en la actualidad.
- Áreas de actuación y últimas campañas o acciones llevadas a cabo.
- Algunas imágenes relevantes.

PROYECTO ELABORA UNA AGENDA 21 PARA EL CENTRO ESCOLAR

Procedimiento

Realiza un **balance** de la situación del centro, para lo cual debes valorar diversos aspectos:

- Conocer el tipo de energía se utiliza para la calefacción y valorar si existe una temperatura adecuada en el aula, pasillos y otras dependencias.
- Quizá se dé en algunas ocasiones un "despilfarro" de energía, por exceso de calefacción o por luz eléctrica cuando no es necesaria.
- ¿Hay "despilfarro" de papel, tizas, bolígrafos u otro tipo de material escolar?
- Si hay plantas en el interior del centro o en el patio, ¿crees que son suficientes? ¿Se encuentran en buen estado? ¿Se cuidan frecuentemente?
- El mobiliario de las aulas, laboratorios, etc., ¿crees que es adecuado y cómodo? Valora su estado, deterioro, si están pintadas las mesas, paredes, etc
- ¿Cómo se gestionan los residuos en el centro? ¿Existen suficientes papeleras? ¿La limpieza es la adecuada? ¿Se tiran muchos residuos en lugares inapropiados? ¿Cómo está la limpieza de los baños?
- ¿El bullying (acoso escolar) es frecuente, esporádico o no existe en el centro? ¿Lo conocen los profesores? ¿Te parece que existe algún tipo de discriminación, por religión, género, sexo u otra causa?
- Otros.

La existencia de acoso escolar en el centro debe ser conocido por los profesores, para buscar soluciones.

Resultados

Haz una valoración de lo comprobado:

a) ¿Es necesario mejorar la temperatura del aula, la limpieza y ahorrar energía?

b) Establece una serie de **medios** para lograr los objetivos, si es necesario, como cambiar el sistema de calefacción.

Despilfarro de papel.

---

1. ¿Qué es la agenda 21?
2. ¿Cuáles son los grupos de actuaciones de la agenda o programa 21?
3. ¿Sabes si tu ciudad tiene una agenda 21?
4. Busca en Internet alguna noticia periodística sobre algún grupo ecologista.

6 Los acuerdos y compromisos internacionales

Desde hace algunas décadas, la comunidad internacional ha respondido a los problemas ambientales con importantes acuerdos. Durante la celebración de las reuniones globales se han aprendido algunas lecciones fundamentales. Por ejemplo, confirmar la vinculación entre las actividades humanas y los problemas ambientales globales, o mostrar cuáles serían las consecuencias para la especie humana si no se hace nada.

ONU

A CONFERENCIA DE NACIONES UNIDAS SOBRE MEDIO AMBIENTE HUMANO (ESTOCOLMO, 1972)

Fue la primera conferencia internacional sobre el medio ambiente que logró reunir a 113 naciones con el objeto de debatir cuestiones de preocupación común. En la reunión se acordó una Declaración que contiene 26 principios sobre el medio ambiente y el desarrollo, un plan de acción con 109 recomendaciones, y una resolución.

Estocolmo.

B CONFERENCIA INTERGUBERNAMENTAL SOBRE EDUCACIÓN AMBIENTAL (TIFLIS, GEORGIA, 1977

La educación ambiental debe impartirse a personas de todas las edades, a todos los niveles y en el marco de la educación formal y no formal. Los medios de comunicación social tienen la gran responsabilidad de poner sus enormes recursos al servicio de esa misión educativa.

C PROTOCOLO DE MONTREAL (CANADÁ, 1987)

Es un tratado diseñado para proteger la capa de ozono, reduciendo la producción y el consumo de numerosas sustancias que reaccionan con el ozono y se cree que son responsables del agotamiento de la capa de ozono estratosférica.

Se estima que si todos los países cumplen con los objetivos propuestos dentro del tratado, la capa de ozono podría haberse recuperado para el año 2050. Debido al alto grado de aceptación que se logró, el tratado ha sido considerado como un ejemplo excepcional de cooperación internacional.

D NUESTRO FUTURO COMÚN (ONU, 1987)

En abril de 1987 la Comisión Mundial sobre Medio Ambiente y Desarrollo publicó un informe denominado "Nuestro Futuro Común" (Our Common Future). El informe plantea la posibilidad de obtener un crecimiento económico basado en políticas de sostenibilidad y expansión de la base de recursos ambientales.

La comisión definió el concepto de desarrollo sostenible, y consideró que los niveles actuales de pobreza no son inevitables y que el desarrollo sostenible exige, precisamente, comenzar por distribuir los recursos de manera más equitativa, en favor de quienes más los necesitan. La comisión estaba presidida por la primera ministra de Noruega, Gro Harlem Brundtland, por eso al informe también se le denomina" Informe Brundtland".

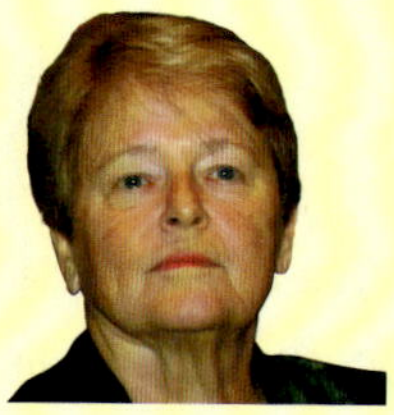

Gro Harlem Brundtland.

E CUMBRE DE LA TIERRA (RÍO DE JANEIRO, 1992)

La Cumbre de la Tierra en Río marcó un hito al producir acuerdos que trataban integralmente los temas ambientales globales y al incorporar el desarrollo sostenible como meta principal.

A principios de la década de 1990, los cinco acuerdos de la cumbre configuraban la respuesta política más universal y articulada para establecer un régimen internacional de cooperación, cuyo objetivo era alcanzar la plena incorporación de la dimensión ambiental al desarrollo.

Los cinco acuerdos fueron: la Declaración de Río sobre Medio Ambiente y el Desarrollo; la Agenda 21; la Declaración sobre principios relativos a los bosques; el Convenio Marco de Naciones Unidas sobre Cambio Climático, y el Convenio sobre Diversidad Biológica.

A la cumbre asistieron altos mantarios políticos

F PROTOCOLO DE KIOTO (JAPÓN, 1997)

El **Protocolo de Kioto sobre el cambio climático** es un protocolo de la Convención Marco de Naciones Unidas sobre el Cambio Climático (CMNUCC), y un acuerdo internacional que tiene por objetivo reducir las emisiones de seis gases de efecto invernadero que causan el calentamiento global: dióxido de carbono (CO_2), gas metano (CH_4) y óxido nitroso (N_2O), y los otros tres son gases industriales fluorados: hidrofluorocarburos (HFC), perfluorocarbonos (PFC) y hexafluoruro de azufre (SF_6), en un porcentaje aproximado de al menos un 5 %, dentro del periodo que va de 2008 a 2012, respecto a las emisiones de 1990. El protocolo fue inicialmente adoptado el 11 de diciembre de 1997 en Kioto, Japón, pero no entró en vigor hasta el 16 de febrero de 2005. En noviembre de 2009, eran 187 estados los que ratificaron el protocolo.

Posteriormente se han realizado diversas reuniones internacionales que han modificado en parte el protocolo de Kioto.

G CUMBRE DE LA TIERRA (JOHANNESBURGO, 2002)

Fue una Cumbre Mundial del desarrollo sostenible organizada por la ONU, con la asistencia de más de un centenar de jefes de Estado y de alrededor de 60 000 personas, incluidos los delegados, los representantes de ONG, los periodistas y el personal de las empresas.

H CONVENCIÓN MARCO SOBRE EL CAMBIO CLIMÁTICO (PÁRIS, 2015)

El acuerdo principal fue proponer como objetivo mantener el incremento de la temperatura media global muy por debajo de 2 °C, respecto a los niveles preindustriales, y llevar a cabo todos los esfuerzos necesarios para que no rebase los 1,5 °C y así evitar los efectos catastróficos.

1. ¿Cuándo se definió de forma definitiva en concepto de desarrollo sostenible?, ¿menciona la pobreza?
2. Explica los objetivos fundamentales de los protocolos de Montreal y de Kioto.
3. ¿Qué se trató en la Cumbre de la Tierra celebrada en Río de Janeiro en 1992?
4. ¿Cuál fue el acuerdo principal de la Convención de París en 2015?

7 La protección de la naturaleza

El grave estado en que se encuentran algunas áreas de nuestro planeta ha obligado a tomar conciencia de la necesidad de buscar soluciones para la protección de la naturaleza. Ya desde la segunda mitad del siglo XIX, comenzó a establecerse la idea de área protegida.

El Parque Nacional de Yellowstone (USA), fundado en 1872, es el más antiguo del mundo y fue el área que asentó por primera vez la necesidad de preservar los ambientes naturales y la variedad de seres vivos (biodiversidad), de los peligros del desarrollo incontrolado.

En España la necesidad de la conservación de la naturaleza surge por iniciativa de Pedro Pidal, marqués de Villaviciosa (Asturias), al impulsar *la Ley de Parques Nacionales de 1916* y la subsiguiente creación de los dos primeros, en Covadonga y Ordesa (1918). Actualmente existen diferentes categorías para las áreas protegidas; destacan:

- **Parques nacionales.** Representan a las áreas poco transformadas por la explotación humana, y que merecen ser conservadas por la belleza de sus paisajes, la representatividad de sus ecosistemas, la singularidad de su flora, de su fauna o de su riqueza geomorfológica. Son las áreas de mayor protección ambiental.
- **Parques naturales.** Son áreas de relativa extensión, con notable valor natural, en los que se hace compatible la coexistencia del hombre con el proceso dinámico de la naturaleza, a través de un uso equilibrado y sostenible de los recursos, como el Parque Natural del Montseny (Cataluña).
- **Reservas de la Biosfera.** Son lugares seleccionados por la UNESCO, representativos de los diferentes hábitats del planeta, que abarca tanto ecosistemas terrestres como marítimos.

La *Gran Fuente Prismática* (Parque Nacional de Yellowstone) es la mayor fuente de aguas termales de Estados Unidos.

El Parque Nacional de Doñana es el más conocido de España.

PARQUES NACIONALES DE ESPAÑA

@ Amplía en la Red...

Para saber más sobre Parques Nacionales, entra en: http://www.magrama.gob.es/es/redparques-nacionales/

El tigre se encuentra en serio peligro de extinción.

COMPETENCIAS LA PROTECCIÓN DE LAS ESPECIES

La Unión Internacional para la Conservación de la Naturaleza (UICN), establece una serie de categorías, desde extinta hasta no evaluada, para catalogar el estado de conservación o la situación en la que se encuentra una especie. En España, el catálogo de especies amenazadas las incluye en alguna de las siguientes categorías:

a) **En peligro de extinción:** especie, subespecie o población de una especie cuya supervivencia es poco probable si los factores causales de su actual situación siguen actuando.

b) **Vulnerable:** especie, subespecie o población de una especie que corre el riesgo de pasar a la categoría anterior en un futuro inmediato, si los factores adversos que actúan sobre ella no son corregidos.

Para incluir a una especie en una u otra categoría es necesario realizar una serie de estudios. El conocimiento de la **densidad de población (Densidad = Número de individuos/Unidad de superficie)** y su evolución marcará la tendencia de la población. La densidad de población depende de varios factores:

- Índices de **natalidad** (n) y **mortalidad** (m), es el número de individuos que nacen o mueren en un tiempo determinado).
- Índices de **inmigración** (i) y **emigración** (e), es el número de individuos que se incorporan o salen de la población en la misma unidad de tiempo.

Problema. La población de cormoranes moñudos de una isla de 200 m^2 estaba formada al principio por 115 individuos.

Anualmente el promedio de natalidad es de 20 individuos, el de mortalidad 38, el de inmigración 3 y el de emigración de 7 cormoranes.

a) ¿Qué densidades de población hay al principio y al final del primer año?

b) Construye una gráfica sobre la evolución del número de cormoranes durante cinco años.

c) Esta población, ¿suministra o recibe individuos de otras áreas?

d) ¿Está la población de cormoranes en fase de crecimiento o en vías de extinción en la isla?

Especies de España en peligro

Investiga, mediante las TIC, en qué categoría se encuentra cada una de las siguientes especies amenazadas de España:

Cangrejo de río
(Austropotamobius pallipes)

Tortuga mediterránea
(Testudo hermanni)

Águila imperial ibérica
(Aquila adalberti)

Lince ibérico
Lynx pardinus)

Zapaticos de la Virgen
(Sarcocapnos baetica)

Oso pardo
(Ursus arctos)

Manzanilla de Sierra Nevada
(Artemisia granatensis)

1. ¿Por qué crees que es necesaria la protección de la naturaleza?
2. Describe lo que es un Parque Nacional.
3. ¿Cuántos Parques Nacionales hay hasta este momento en España? ¿Has estado alguna vez en alguno?

APRENDE A... DESHACER POLIESTIRENO EXPANDIDO (EPS)

Con esta práctica te puedes iniciar en el concepto de reciclado de polímeros, a partir de productos de uso cotidiano, y comprender la importancia de su reciclaje para contribuir al desarrollo sostenible.

1. Planteamiento

El poliestireno expandido o EPS es un polímero plástico espumado (también se le denomina corcho blanco) que se obtiene a partir de la alteración del poliestireno, compuesto, a su vez, por moléculas de estireno. Es un producto que no sirve de alimento para los microorganismos, por lo que es idóneo para el envasado de productos frescos. Además, es ligero y resistente a la humedad y a los impactos y buen aislante térmico, lo que le confiere gran utilidad para los embalajes y el aislamiento, en la construcción de viviendas.

2. Hipótesis

Enuncia una hipótesis sobre si el EPS se deshace bien o con dificultad.

3. Materiales

- Un trozo pequeño de poliestireno expandido, EPS o corcho blanco (debe llevar las siglas EPS). El EPS se produce a partir de compuestos de poliestireno y pentano, que se utiliza para expandir. Durante el proceso, este se calienta y el polímero se plastifica en unos moldes que determinarán su forma.
- 8 recipientes de vidrio (vasos de precipitado o vasos de cocina).
- Agua
- Varilla de vidrio o cuchara
- Acetona (quitaesmaltes de uñas) $(CH_3)_2CO$. La acetona es un disolvente orgánico, por lo que no debe entrar en contacto con la piel, mucosas y ojos, por eso es recomendable el uso de guantes de látex.

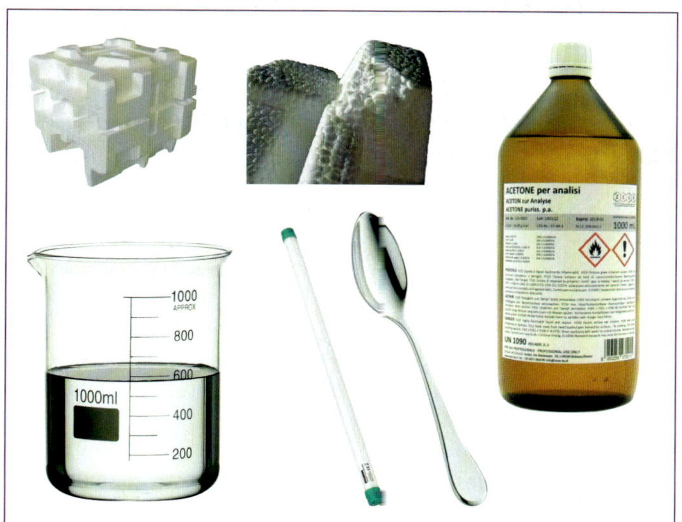

4. Procedimiento

Al mezclar el poliestireno expandido (EPS) y la acetona, se produce una reacción en la que se observa la desaparición del poliestireno, porque se disuelve.

a) En ocho vasos de precipitado, introduce aproximadamente la misma cantidad de EPS.

b) En cuatro, de los ocho vasos, echa: 5, 10, 15 y 20 ml de agua, respectivamente.

c) Remueve con la varilla de vidrio o la cuchara.

d) En los cuatro vasos restantes, echa: 5, 10, 15 y 20 ml de acetona, respectivamente.

e) Remueve con la varilla de vidrio o cuchara.

5. Resultados

- Comprueba si el EPS se disuelve en los vasos con agua.
- Comprueba si se ha disuelto el EPS en los vasos con acetona.
- Determina la cantidad mínima de acetona que ha sido necesaria para la disolución del EPS.

6. Conclusiones

Una vez realizada la experiencia, contesta a las cuestiones siguientes:

- ¿El poliestireno expandido no se disuelve en agua?
- ¿El poliestireno expandido se disuelve en acetona?
- ¿La estructura porosa del poliestireno expandido, permite que se disuelva con cierta rapidez un volumen grande de EPS, en una cantidad relativamente pequeña de acetona?
- ¿La extracción del poliestireno de la disolución de acetona permite la fabricación de nueva espuma de poliestireno?

1 Identifica preguntas científicas

El uso de energía es uno de los elementos más importantes a considerar en los principios del desarrollo sostenible, e incluso, podríamos considerar que es el elemento más importante. Todo funciona con energía, desde la fabricación de productos hasta el consumo de los mismos. Para fabricar un automóvil se utiliza energía. Una vez comprado, el usuario consumirá una cantidad ingente de energía hasta que el automóvil sea derivado al desguace, donde se continuará consumiendo energía en procesos de conversión en chatarra u otros.

La energía, como hemos visto, tiene diversas procedencias y distintas características. Unos tipos de energía son más sostenibles que otros, pero no acaban de incorporarse con la suficiente "fuerza" al sistema de producción y consumo de las actividades humanas. Hay quien opina que esto se debe a que su rendimiento no es el adecuado, y según otros, por intereses diversos.

Elige entre las frases siguientes cuáles pueden ser resueltas mediante experimentos científicos y cuáles no. Razónalo.

a) El petróleo es más eficiente que la energía eólica.

b) El precio del petróleo es muy alto.

c) Las energías renovables no interesan a las grandes multinacionales de la energía.

2 Diseña un experimento: El desarrollo sostenible en el entorno del centro

Para seguir el modelo del desarrollo sostenible se pueden realizar iniciativas a diferentes niveles: en nuestras viviendas, en el centro de trabajo o estudio, en el transporte, etc. Para comprobar cómo es la sostenibilidad en el entorno del centro escolar:

1. Enuncia una hipótesis

Estarás acostumbrado a recorrer las calles próximas a tu centro escolar, habrás visto tiendas, cafeterías y librerías, y habrás pasado por pasos de peatones. Pero ahora tendrás que emitir una hipótesis sobre si en el entorno del centro hay un cierto compromiso con el desarrollo sostenible.

2. Materiales necesarios

- Un plano del entorno del centro. Elige solo una parte que no sea muy amplia. En un plano de la ciudad, puedes delimitar la zona de estudio.
- Cámara fotográfica.

3. Diseña el experimento

Diseña el procedimiento para comprobar la hipótesis. En una tabla o plantilla valora, utilizando una escala (0 a 10, 0 a 5, u otra), diversos aspectos ambientales y su grado de cumplimiento sostenible: índice del tráfico de vehículos; si hay transporte público, contenedores selectivos suficientes, parques y jardines, carril bici, limpieza en las calles, centros de deporte, etc., y otros aspectos que te parezcan adecuados para la zona de estudio.

4. Analiza e interpreta los resultados

Analiza las fotografías que hayas obtenido y los resultados de la plantilla. Puede ser que en algunos elementos analizados se esté siguiendo la pauta del desarrollo sostenible y que en otros no.

5. Extrae conclusiones

Se ha corroborado la hipótesis enunciada. En caso de que sea falsa se puede obtener una conclusión global y conclusiones parciales, sobre cada uno de los elementos analizados.

Finalmente, puedes plantear **estrategias de sostenibilidad para el entorno del centro**; por ejemplo, instalar más contenedores para la recogida selectiva de residuos o que el transporte público sea más frecuente.

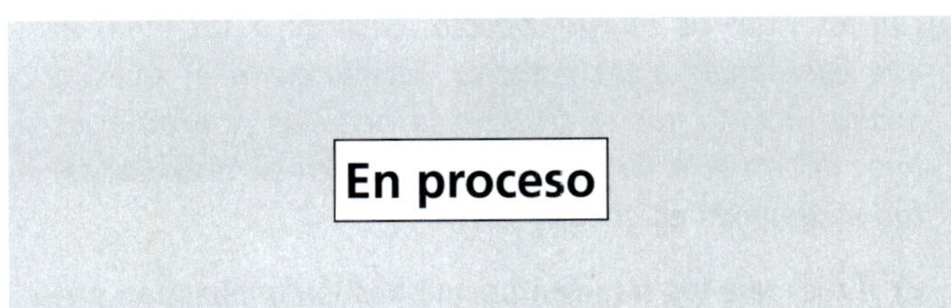

Un transporte público de calidad es un elemento importante en el desarrollo sostenible.

3 Interpreta unos datos. **La huella ecológica global**

En la figura está representado el "peso" de cada uno de los componentes de nuestra actividad diaria en la huella ecológica global.

a) ¿Qué grupo de actividades tienen mayor peso en la huella ecológica?

b) ¿Crees que en todas las regiones del planeta será igual?

c) ¿Qué diferencias crees que habrá entre las regiones "ricas" y las regiones "pobres"?

d) Parece evidente que en las regiones "ricas", tarde o temprano, será necesario reducir la huella ecológica. Indica 4 países que, según tu criterio, están en este caso.

En proceso

4 Analiza un texto. **Carta del jefe Seattle**

El siguiente texto corresponde a fragmentos de la carta que, en 1854, el jefe Seattle envía como respuesta al presidente de Estados Unidos,

«¿ómo se puede comprar o vender el cielo o el calor de la tierra? Esa es para nosotros una idea extraña... Cada pedazo de esta tierra es sagrado para mi pueblo. Cada rama brillante de un pino, cada puñado de arena de las playas, la penumbra de la densa selva, cada rayo de luz y el zumbar de los insectos son sagrados en la memoria y vida de mi pueblo. La savia que recorre el cuerpo de los árboles lleva consigo la historia del piel roja... Los ríos son nuestros hermanos, sacian nuestra sed. Los ríos cargan nuestras canoas y alimentan a nuestros niños. Si les vendemos nuestras tierras, ustedes deben recordar y enseñar a sus hijos que los ríos son nuestros hermanos, y los suyos también... ¿Qué es el hombre sin los animales? Si todos los animales se fuesen, el hombre moriría de una gran soledad de espíritu, pues lo que ocurra con los animales, en breve ocurrirá a los hombres. Hay una unión en todo... Ustedes deben enseñar a sus niños que el suelo bajo sus pies es la ceniza de sus abuelos. Para que respeten la tierra, digan a sus hijos que ella fue enriquecida con las vidas de nuestro pueblo. Enseñen a sus niños lo que enseñamos a los nuestros, que la tierra es nuestra madre. Todo lo que le ocurra a la tierra, le ocurrirá a los hijos de la tierra. Si los hombres escupen en el suelo, están escupiendo en sí mismos...»

a) ¿Crees que los fragmentos que has leído muestran criterios de sostenibilidad para los recursos naturales? Explícalo.

5 Interpreta una gráfica. **La sobrepesca**

Una especie de pez ha sido pescado durante varios años, según indican los puntos rojos correspondientes a cada época de captura. La línea recta indica la tendencia seguida a lo largo de los años. En el año 2006 se prohibieron las capturas.

En proceso

a) ¿Cuál es la tendencia en la cantidad de captura? Describe la gráfica.

b) ¿Por qué crees que en el año 2006 se prohibieron las capturas?

c) ¿Seguiría la pesca de esta especie los principios del desarrollo sostenible?

d) ¿Qué tendrá que ocurrir para que la pesca de una especie sea sostenible?

e) ¿Cuándo se podrá volver a pescar esa especie?

Síntesis. El desarrollo sostenible

El desarrollo sostenible

- Según su capacidad de regeneración los recursos naturales se clasifican en: renovables, potencialmente renovables y no renovables.
- El posible agotamiento de recursos, como el petróleo, supone un problema de gran importancia.
- El desarrollo sostenible es el modelo de desarrollo que satisface las necesidades de la generación presente, sin comprometer la capacidad de las generaciones futuras, para satisfacer sus propias necesidades.
- Las campañas de sensibilización ambiental son necesarias para conseguir los objetivos del desarrollo sostenible.
- La huella ecológica es la estimación de la presión que ejercemos sobre el medio ambiente. Actualmente, en muchas regiones del planeta, existe una sobreexplotación de los recursos.

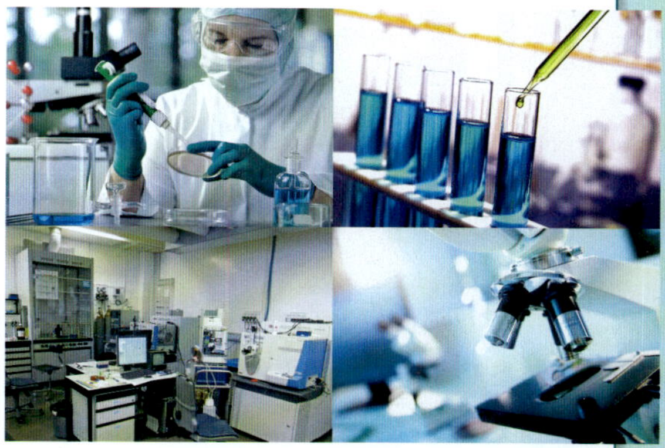

Medidas para el desarrollo sostenible

- La eficiencia energética es una estrategia fundamental para el desarrollo sostenible.
- El programa 21 o agenda 21 establece las bases para poner en práctica un desarrollo sostenible.
- Desde hace algunas décadas, la comunidad internacional ha respondido a los problemas ambientales con importantes acuerdos. Por ejemplo, la Cumbre de Río de Janeiro de 1992 o el Protocolo de Kioto de 1997.
- La delimitación de áreas y espacios protegidos son medidas importantes para la protección y conservación de la naturaleza. Las áreas de mayor protección son los parques nacionales.

1 CONSOLIDA LO APRENDIDO

a) Indica los diferentes tipos de recursos que podemos utilizar y establece las diferencias entre recursos renovables, no renovables y potencialmente renovables.

b) ¿Qué es el desarrollo sostenible? ¿En qué tres aspectos es necesario un equilibrio para alcanzar un desarrollo sostenible?

c) ¿Qué relación existe entre la huella ecológica y la biocapacidad de una zona?

d) Describe diferentes técnicas para el ahorro y el uso eficiente de la energía.

e) ¿Qué es una agenda 21 local?

f) ¿Cuál es la finalidad de las cumbres, conferencias y protocolos sobre temas ambientales?

g) ¿En qué momento se definió, finalmente, el concepto de "desarrollo sostenible"?

h) ¿En qué consiste una campaña de sensibilización sobre temas ambientales? ¿A quien debe ir dirigida? ¿Quién la puede realizar?

i) Describe lo que es una Reserva de la Biosfera.

DEFINE CONCEPTOS CLAVE

- Recurso renovable
- Desarrollo sostenible
- Huella ecológica
- Biocapacidad
- Déficit ecológico
- Eficiencia energética
- Agenda 21
- Parque Nacional
- Reserva de la Biosfera
- Especie en peligro de extinción

RESPONDE A LA PREGUNTA INICIAL

¿Qué tipo de acciones están orientadas hacia un desarrollo sostenible?

TÉCNICAS DE ESTUDIO: www.tiching.com/000000

Practica técnicas de estudio a partir de la síntesis

12 PROYECTO DE INVESTIGACIÓN

¿Cómo se planifica y se lleva a cabo un proyecto de investigación?

Las hipótesis permiten un primer acercamiento a la respuesta sobre un interrogante, como cuando los seres humanos se plantearon si la Tierra era plana o redonda.

Los experimentos son procedimientos científicos mediante los cuales se intenta comprobar si las hipótesis propuestas se cumplen o no.

La ciencia intenta explicar los fenómenos naturales mediante la estructuración ordenada y sistemática del conocimiento.

La observación, el planteamiento de interrogantes, las hipótesis, los experimentos y las teorías constituyen los fundamentos de una forma de acercarse al conocimiento diferente de la mera meditación y el pensamiento.

De esta manera, los científicos y filósofos han ido elaborando, a lo largo de los siglos, lo que hoy conocemos como la Ciencia, que aunque no pueda explicar todas las preguntas que se hace el ser humano, ofrece respuestas que están avaladas por la investigación, la revisión permanente y la refutación de aquello que se demuestra como falso.

¿Qué sabemos?

- ¿Cómo trabajan los científicos?
- ¿Cómo hemos llegado a conocer las órbitas de los planetas alrededor del Sol?
- ¿Crees que las teorías científicas son inmutables?
- ¿Cómo se comunican los hallazgos científicos?

¿Qué aprenderemos?

- Cuál es el fundamento del método científico.
- Qué son las hipótesis, las teorías y las leyes científicas.
- Cómo se planifica y se lleva a cabo un experimento de forma fiable.
- Cómo se recogen los datos y se organizan para obtener los resultados.
- Cómo se presenta un trabajo de investigación.

Los hallazgos científicos se ponen en conocimiento de otros investigadores por medio de congresos o de la publicación en revistas especializadas.

1 El método de trabajo científico

La forma de interpretar los fenómenos naturales observados por los seres humanos ha sido muy diversa a lo largo de la historia, a menudo influida por creencias de tipo mágico o religioso, muy alejadas del razonamiento que caracteriza al método científico.

La ciencia se fundamenta en la aplicación del método científico experimental, que consta de una serie de procedimientos, mediante los que se trata de garantizar su objetividad:

La observación

Un fenómeno natural es un hecho sobre el que la curiosidad del observador hace que se plantee cuestiones. Las respuestas posibles a esas cuestiones pueden dar lugar a ideas o explicaciones muy diferentes sobre el mismo hecho. Veamos un ejemplo:

El Sol sale por el este y se pone por el oeste, y la Luna y los planetas se mueven cada noche sobre un fondo de estrellas aparentemente inmóvil. Veamos dos interpretaciones posibles:

- Explicación 1.ª: el Sol, la Luna y los planetas giran alrededor de la Tierra.
- Explicación 2.ª: la Tierra gira sobre su eje y ese movimiento nos hace ver que es el Sol el que se mueve.

Como ves, ante un mismo hecho se pueden dar explicaciones muy distintas y a veces contradictorias. ¿Cuál es la verdadera?

El cuestionamiento de lo que parece obvio llevó a conocer cuál es la causa real de los movimientos aparentes de los astros en el cielo.

El planteamiento de hipótesis

Una hipótesis es una proposición provisional y predictiva mediante la que se trata de explicar un fenómeno observado, y puede que resulte verdadera o no.

Alexander Fleming observó que las bacterias de un cultivo no crecían alrededor de las colonias de un hongo que habían contaminado sus placas.

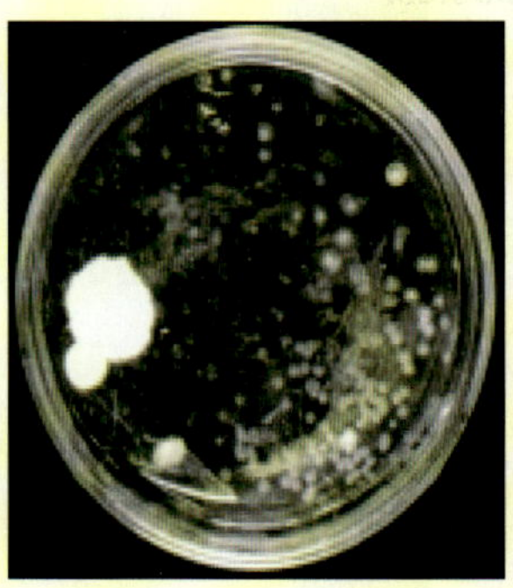

La hipótesis que propuso fue que el hongo producía una sustancia que era capaz de matar a las bacterias. La investigación posterior llevó al aislamiento de la penicilina.

Una **hipótesis científica** aporta una posible explicación de un hecho y debe ser comprobable mediante la experimentación. Esto implica que se puedan diseñar experimentos que permitan demostrar si esa hipótesis es verdadera o falsa.

La hipótesis de Oparin

El científico ruso Alexander Oparin propuso una hipótesis sobre el origen de la vida que se fundamentaba en la evolución molecular, prebiótica, en la que las biomoléculas orgánicas aparecerían a partir de moléculas de la atmósfera primitiva, muy distinta de la actual, sometidas a diferentes fuentes de energía. Oparin propuso que las primeras células se habrían originado a partir de las biomoléculas que se acumularon en los mares primitivos durante varios centenares de millones de años.

- Identifica dos hipótesis distintas que te sugiera el texto.
- Indica una de ellas que sea una hipótesis científica y por lo tanto comprobable.
- Busca información sobre otras hipótesis que se hayan propuesto sobre el mismo tema.

¿El colmo de la ciencia?

El **falsacionismo**, propuesto por Karl Popper, filósofo de la ciencia, afirma que el conocimiento científico avanza desechando aquello que la experiencia contradice.

Según este autor, una hipótesis puede ser descartada en un momento dado, pero nunca podrá ser demostrada como cierta.

COMPETENCIAS VARIABLES E HIPÓTESIS

Las variables

La elaboración de una hipótesis sobre un hecho observado precisa de la identificación de las variables, que son factores que se pueden observar y medir. Hay dos tipos de variables:

- **Variable dependiente.** Se llama así porque los valores que presenta dependen de otra variable que influye sobre ella.
- **Variable independiente.** No depende de otra, sino que es la que se toma como referencia para conocer sus efectos sobre una variable dependiente.

Ejemplo: la gráfica muestra cómo varía la actividad de tres enzimas en función del pH. La variable independiente es el pH, que es modificado por el investigador para conocer su efecto sobre la variable dependiente, que es la actividad.

Actividad 1. Un estudiante quiere saber cómo afectan la intensidad de la luz y la temperatura a la transpiración de las plantas.

a) Elabora dos hipótesis distintas.

b) Identifica las variables independientes y dependientes.

c) ¿Podría estudiarse a la vez la influencia de dos variables independientes? ¿Por qué?

Actividad 2. La teoría de la generación espontánea intentaba explicar la aparición de larvas de moscas y de otros organismos en los alimentos en proceso de descomposición. Identifica cuáles de las afirmaciones son hipótesis y cuál o cuáles son comprobables:

a) La carne que se está descomponiendo se transforma en nuevos seres vivos, como las larvas de moscas.

b) Las moscas depositan sus huevos en alimentos que están en proceso de descomposición.

c) Los seres vivos solo pueden originarse a partir de otros seres vivos.

Ciencia sin experimentos

En algunas investigaciones, la comprobación de una hipótesis no puede hacerse mediante experimentos, sino por medio de la observación y de la toma de datos sistemática como fundamento para la argumentación.

La teoría evolucionista de Darwin y Wallace se fundamentó en las observaciones que estos investigadores hicieron sobre la diversidad de formas de vida y la valoración de hipótesis que pudieran explicar esa diversidad, así como las adaptaciones de los seres vivos al medio y la existencia de los fósiles.

Charles Darwin y Alfred Wallace.

¿Crees que podría diseñarse algún experimento para intentar demostrar la evolución?

@ Amplía en la Red...

Para saber más sobre el método científico y las hipótesis, entra en: www.tiching.com/000000

https://www.youtube.com/watch?v=dGnd9vF_s2A
http://www.profesorenlinea.cl/Ciencias/Metodo-Cientifico.htm
https://www.youtube.com/watch?v=4UdUPZX1Q00

1. ¿Qué es una hipótesis? Plantea una hipótesis razonable sobre un hecho de la vida cotidiana.
2. Elabora una hipótesis sobre el movimiento de los planetas y un argumento que le dé validez.
3. ¿A qué se llama variable dependiente? Utiliza un ejemplo para ilustrar la respuesta.
4. ¿Qué se debe hacer para demostrar si una hipótesis se cumple o no?

2 La experimentación

Una hipótesis ofrece una explicación posible de un fenómeno que suele ser el resultado de la observación reiterada y de la aplicación de los conocimientos del investigador. Sin embargo, esto no avala su validez. La demostración de la veracidad o falsedad de las hipótesis se hace mediante la experimentación o mediante nuevas observaciones y tomas de datos.

Los experimentos

Un **experimento** es un procedimiento que se lleva a cabo en unas condiciones controladas con la finalidad de comprobar la veracidad o la falsedad de una hipótesis.

En un experimento sencillo, el investigador observa el efecto que producen los cambios de una variable independiente sobre la variable dependiente. Para ello debe asegurarse de que solamente hay una variable independiente que afecte al experimento. Esto se hace manteniendo controladas el resto de variables.

La actividad de las enzimas depende, entre otros factores, de la temperatura y del pH. Si se quiere investigar cómo afecta el pH a la actividad de una enzima, hay que elegir un valor determinado de temperatura y mantenerlo constante. La temperatura es, en este caso, una **variable controlada**.

El experimento de Miller

Stanley Miller ideó un experimento mediante el que comprobó cómo se formaban aminoácidos a partir de una mezcla de gases (NH_3, H_2O, CH_4 y H_2), semejante a la que suponía que formaba la atmósfera de la Tierra primitiva.

En proceso

En el experimento de Miller, algunos de los gases que supuestamente formaban parte de la atmósfera primitiva fueron sometidos a descargas eléctricas durante varios días en un circuito de vapor de agua que simularía el agua de los océanos primitivos.

Experimento: la clorofila y la fotosíntesis

La fotosíntesis es un proceso fundamental cuyo conocimiento ha sido posible gracias a las investigaciones llevadas a cabo por muchos científicos. El siguiente es un experimento sencillo que permite demostrar que la clorofila es necesaria para la fotosíntesis:

- **Hipótesis.** La clorofila es necesaria para la fotosíntesis.
- **Experimento.** Se toma una planta variegada, cuyas hojas tienen zonas con clorofila y otras sin ella, y se deja en la oscuridad durante 48 horas para que consuma el almidón almacenado en sus hojas.

  Se expone la planta a la luz durante 6 horas para que realice la fotosíntesis.

  Se coge una hoja y se elimina la clorofila poniéndola 1 minuto en agua hirviendo y después otros 10 minutos en un tubo de ensayo con etanol, que disuelve la clorofila.

  Se lava la hoja con agua y se sumerge en reactivo de Lugol (ver unidad 3) para comprobar en qué zonas se ha formado almidón, que aparecerán teñidas de un color azul oscuro.
- **Resultados.** Solamente la parte verde de la hoja, en la que había clorofila, dará positiva la reacción con el reactivo de Lugol.

Discusión

a) ¿Por qué debemos usar una planta con hojas variegadas?

b) ¿Por qué se debe eliminar el almidón de las hojas al comenzar el experimento?

c) ¿Por qué se elimina la clorofila?

d) Identifica las variables e indica cuál es dependiente, cuál independiente y cuál se ha mantenido controlada.

COMPETENCIAS LOS EXPERIMENTOS Y SU CONTROL

El control de los experimentos

La fiabilidad de un experimento depende de varios factores, como son el tamaño de las muestras utilizadas o el empleo de muestras que actúan como control del experimento.

- **Tamaño de las muestras.** Debe ser como mínimo aquel que garantice unos resultados significativos. Por ejemplo, en el ensayo de un nuevo fármaco en pacientes, no se puede probar sobre una o dos personas, sino sobre un número que sea suficientemente grande para evitar los efectos debidos a variaciones individuales.
- **Grupos de control.** Son grupos que tienen las mismas características que los grupos sobre los que se está haciendo la investigación, pero a los que no se les aplica la variable independiente. En el caso anterior, sería un grupo de personas del mismo tamaño a los que no se les suministraría el medicamento, sino una sustancia placebo, como suero fisiológico.

Actividad 1. Los granos de polen desarrollan tubos polínicos al caer sobre el estigma de una flor, con el fin de hacer llegar el gameto masculino hasta el femenino para que se produzca la fecundación. Un grupo de estudiantes tuvo que diseñar un experimento para investigar cómo afecta la concentración de azúcar al desarrollo de los tubos polínicos. Para ello procedieron como se indica a continuación:

Hipótesis. El desarrollo de los tubos polínicos depende de la concentración de azúcar.

Experimento. Diseñan el experimento y observan y anotan los resultados, que se recogen en la tabla siguiente:

Concentración de azúcar (%)	5	10	15	20
Número inicial de granos de polen	25	25	25	25
Número de tubos polínicos formados	0	2	4	10

a) ¿Cuál es la variable independiente? ¿Y la dependiente?

b) ¿Qué variables convendría mantener controladas?

c) ¿Crees que los datos ofrecidos permiten obtener conclusiones fiables o habría que hacer alguna modificación en el experimento? ¿Cómo mejorarías el experimento?

El fraude en la investigación

Una característica esencial del método de trabajo científico es la reproducibilidad de los experimentos. Cualquier experimento debe poder repetirse por cualquier otro científico, en cualquier lugar del mundo, con el fin de comprobar la veracidad de los resultados obtenidos.

El relevante científico coreano Hwang Woo-Suk sorprendió a la comunidad científica internacional en el año 2004 con el anuncio de la primera clonación de células madre embrionarias humanas, en un trabajo publicado en la prestigiosa revista *Science*. Posteriormente se comprobó que sus experimentos no se podían reproducir y que estaban basados en datos falseados.

@ Amplía en la Red...

Para saber más sobre los experimentos, entra en:
www.tiching.com/000000

http://www4.ujaen.es/~eramirez/Descargas/tema6

1. ¿Qué es un experimento? ¿Es siempre necesario un laboratorio para llevarlo a cabo?
2. ¿Por qué se debe estudiar la influencia de una sola variable independiente en cada experimento?
3. ¿Qué es un grupo de control de un experimento? Cita un ejemplo.
4. ¿Puede un experimento por sí solo demostrar que una hipótesis es correcta? Razona la respuesta.

3 Las fuentes de información

La investigación sobre un tema se inicia con la búsqueda de información sobre los conocimientos actualizados que existen sobre el mismo. Para ello hay que recurrir a las fuentes de información.

Las **fuentes de información** son documentos que contienen los datos necesarios para satisfacer las necesidades de información de las personas. Son imprescindibles para iniciar una investigación y para comparar y valorar los resultados obtenidos con los que han sido obtenidos por otros investigadores.

Tipos de fuentes de información

Hay dos grandes tipos de fuentes de información: primarias y secundarias.

- **Fuentes de información primarias.** Contienen información original, actualizada a la fecha de publicación, que es el resultado del trabajo científico o intelectual. Entre ellas están las revistas científicas y otras publicaciones periódicas, los libros, las patentes, los informes técnicos o de investigación y otros.
- **Fuentes de información secundarias.** Contienen información organizada a partir de las fuentes primarias. Son las revisiones bibliográficas, los artículos y libros de divulgación o las enciclopedias. Son útiles para obtener una primera aproximación a un tema.

Además de los soportes tradicionales como el papel, existen numerosas fuentes de información accesibles desde cualquier ordenador conectado a Internet, incluyendo toda una gama de enciclopedias, revistas científicas y bases de datos. La búsqueda de información está favorecida por la existencia de directorios y bibliotecas virtuales, así como de potentes motores de búsqueda, como Google, que recopilan una gran cantidad de información sobre cualquier tema. La búsqueda debe hacerse mediante la elección correcta de las palabras clave para proporcionárselas al buscador y es necesario asegurarse de la fiabilidad de las fuentes.

Las bases de datos

Las nuevas tecnologías de la información y la comunicación (TIC) han supuesto una revolución en el acceso a la información, que puede ser inmediato, y está al alcance tanto de usuarios normales como de quienes realizan una investigación relevante.

Las bases de datos bibliográficas ICYT, ISOC e IME contienen la producción científica publicada en España en distintos ámbitos del conocimiento desde los años setenta, tanto en artículos de revistas científicas como en actas de congresos e informes diversos.

No obstante, las grandes bases de datos bibliográficas especializadas no son generalmente accesibles con los buscadores ordinarios, puesto que forman parte del llamado **Internet invisible**, que contiene la mayor parte de la información almacenada en la red.

La *deep web*

La web invisible o *deep web* (web profunda) alberga una gran diversidad de contenidos, entre los que figuran bases de datos de los gobiernos y de organizaciones gubernamentales, así como datos financieros, científicos y personales, y también de una amplia gama de actividades ilegales. Estas páginas no están indexadas en los buscadores habituales, aunque sí se puede acceder a muchas de ellas utilizando otros como la red Tor, que fue creada para garantizar el anonimato de sus usuarios.

Base de datos biológicos

Existen numerosas bases de datos en las que los científicos comparten sus hallazgos y descubrimientos. En el ámbito de la biología, destacan las que albergan los datos del genoma humano y de un gran número de especies de microorganismos, plantas y animales. Entre las más importantes está la del Centro Nacional de Información Biotecnológica de Estados Unidos: http://www.ncbi.nlm.nih.gov/.

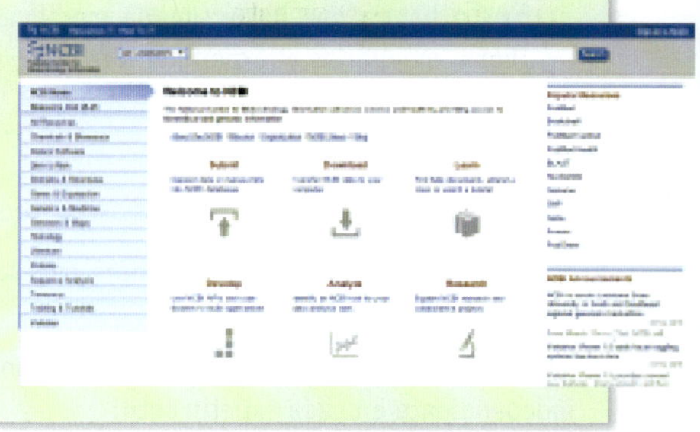

COMPETENCIAS INFORMACIÓN Y EXPERIMENTOS

Cómo buscar la información

La búsqueda de información sobre un tema de interés debe hacerse siguiendo una serie de pautas:

- **Aproximación al tema.** Permite delimitar los aspectos que queremos buscar. Es imprescindible para facilitar la búsqueda, ya que cuanto más amplia sea esta, también será más compleja y los resultados que se obtengan nos ofrecerán datos más dispersos.
- **Obtención de datos.** Se pueden utilizar las fuentes tradicionales, aunque actualmente es muy útil la búsqueda en Internet. Esta se ve favorecida si utilizamos también el inglés, debido a la gran cantidad de información disponible en ese idioma.
- **Selección de documentos.** Una búsqueda sencilla puede ofrecer miles de resultados, de los que la gran mayoría carecerán de utilidad práctica. Un primer filtro nos permite ordenarlos por el país de procedencia, por fechas, etc. Por último hay que seleccionar aquellos que procedan de fuentes fiables y que sean los más útiles.

Actividad 1. Diseña un proyecto de investigación para comprobar cómo afecta la temperatura a la germinación de las semillas de maíz.

a) Elabora una hipótesis para iniciar la investigación.

b) Busca información en Google mediante las palabras clave: *temperatura, germinación, semillas maíz*.

c) Selecciona diez resultados en primer lugar.

d) Filtra esos resultados y selecciona los tres que mejor se adapten a la actividad que hay que realizar.

e) Identifica otras variables que podrían afectar al experimento.

f) Diseña un experimento en el que se incluyan los materiales necesarios y el procedimiento.

g) Realiza el experimento y anota los resultados para su análisis y presentación.

Google Maps y Google Earth

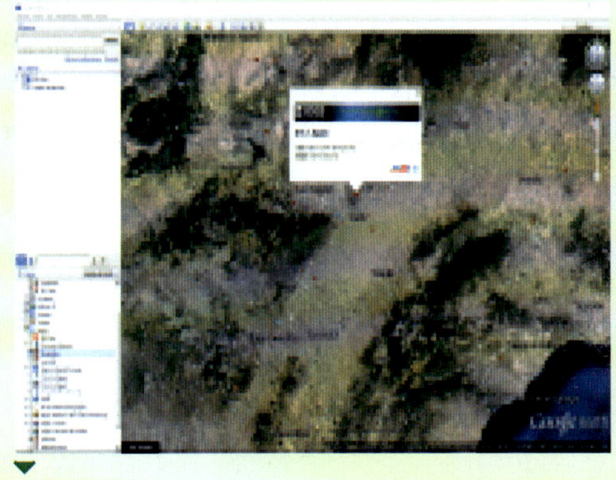

Terremoto de Lorca (2011) en Google Earth.

Algunas bases de datos accesibles en Internet ofrecen datos de gran interés para algunos proyectos. Este es el caso de Google Maps y Google Earth. Google Maps ofrece una amplia información cartográfica de todo el mundo, mientras que Google Earth permite acceder a interesantes herramientas, como la medida de distancias, y a múltiples datos, como la distribución de los volcanes y terremotos, accesible en uno de los apartados de su menú "Galería". Entre la información disponible de cada terremoto está la fecha en la que se produjo, las coordenadas del epicentro o su magnitud.

@ Amplía en la Red...

Para saber más sobre las fuentes de información, entra en: www.tiching.com/000000

http://portalcomunicacion.com/lecciones_det.asp?id=41
http://es.slideshare.net/feminaexdesiderium/reconociendo-fuentes-primarias-y-secundarias?next_slideshow=1

1. ¿Qué son las fuentes de información primarias? Cita algunos ejemplos.
2. ¿A qué se llama *deep web* o Internet invisible? ¿Consideras que es importante para la ciencia?
3. ¿Qué utilidad tienen las bases de datos? ¿Qué ventajas ofrecen las TIC a los científicos?
4. Explica brevemente cómo buscarías información sobre un tema de interés.

4 Organización de los datos e informes

La información que se obtiene mediante la observación y el trabajo de investigación se recopila en forma de datos, a menudo abundantes y complejos, que es necesario organizar para poder utilizarlos con el fin de determinar si las hipótesis planteadas se cumplen o no.

Los datos pueden ser de dos tipos:

- **Cualitativos** o **descriptivos.** Se recogen con palabras, dibujos o fotografías. Un ejemplo puede ser el comportamiento de las aves.
- **Cuantitativos.** Corresponden a magnitudes que pueden ser medidas y comparadas. Un ejemplo puede ser el número de semillas que produce una especie de plantas.

Presentación de los datos

Al planificar un experimento hay que pensar en el tipo de datos que se van a obtener y preparar una plantilla adecuada para recogerlos.

Una vez recogidos los datos hay que seleccionar aquello que es relevante para la investigación y prepararlo para realizar una presentación visual que facilite su comprensión. En el caso de datos cuantitativos, son muy útiles para la presentación las tablas y las gráficas.

- Las **tablas** permiten ordenar datos numéricos de distinta naturaleza mediante su organización en columnas y filas, en las que se representan las distintas variables consideradas en el experimento.
- Las **gráficas** permiten ver de forma muy fiable la relación entre las variables estudiadas en el experimento y comparar esos datos con otros semejantes.

Análisis de los resultados

El análisis de los datos obtenidos en un experimento y su comparación con los obtenidos en otros trabajos de investigación permite conocer si concuerdan con la hipótesis planteada o no. En esta fase del trabajo científico se generan nuevos interrogantes que pueden llevar a plantear nuevas hipótesis y más experimentos.

Elaboración y presentación de informes

La fase final de un proyecto científico es la elaboración de un informe completo que recoja los **antecedentes** del proyecto, con las aportaciones de otros autores, las **hipótesis** planteadas, los **datos** obtenidos, el **análisis de los resultados**, las **conclusiones** extraídas de los mismos y las **referencias bibliográficas** utilizadas.

El informe puede hacerse en un soporte físico como el papel, o bien en soporte informático, en archivos creados mediante alguno de los programas útiles para su presentación (Word, Adobe PDF, Power Point, Prezi, Knovio, Emaze). En todos ellos se pueden incluir textos, tablas, gráficas, fotografías y, en algunos, también vídeos.

Comunicación de resultados

La investigación realizada por los científicos es publicada con el fin de que otros científicos tengan conocimiento de los resultados obtenidos y puedan repetir los experimentos y corroborar o rebatir los resultados y las conclusiones. Estos resultados se publican en revistas científicas especializadas, en congresos, conferencias y reuniones. Los hallazgos científicos aceptados por la comunidad científica son recogidos después en libros, publicaciones periódicas y otras fuentes de información y se enseñan en universidades y colegios. Este es el fundamento del avance de la ciencia y de su conocimiento.

El lenguaje de la ciencia. El lenguaje científico debe ser claro y con una sintaxis y un vocabulario sencillos, puesto que los términos científicos ya entrañan una dificultad añadida. Debe ofrecer una secuenciación clara de las ideas que se quieren exponer, e incluir toda la información que se considere relevante sin reiteraciones ni licencias de tipo literario. Debe evitar figuras retóricas, como las hipérboles, así como el exceso de oraciones subordinadas que dan lugar a párrafos largos.

COMPETENCIAS ANALIZA UN EXPERIMENTO

Actividad 1. Se planifica un experimento con el fin de conocer el efecto de la temperatura sobre la actividad de la enzima amilasa, que está presente en la saliva y que degrada el almidón. La hipótesis propuesta es que "la tasa de la reacción es directamente proporcional a la temperatura". Para ello se mezcla una disolución de almidón con amilasa, con un valor de pH igual a 7 y a distintos valores de temperatura, se mide el tiempo que tarda en degradarse el almidón y se anota. Al terminar se organizan los datos y se elabora la tabla siguiente:

Temperatura (°C)	20	25	30	35	40	45	50	55
Tiempo (minutos)	25	20	12	6	2	5	10	17
Tasa de la reacción								

El valor estimado de la tasa de la reacción es inverso al tiempo empleado, por lo que se puede calcular dividiendo 1 por el tiempo *t*.

a) Busca información en Internet sobre el proyecto.

b) ¿Cuál es la variable independiente? ¿Cuál es la variable dependiente? ¿Qué variable se mantiene controlada?

c) ¿Qué reactivo usarías para demostrar la presencia o ausencia de almidón?

d) Calcula la tasa de la reacción para cada valor de pH.

e) Dibuja una gráfica para representar la tasa de la reacción en relación a la temperatura.

f) ¿Se ha cumplido la hipótesis propuesta?

g) Prepara un breve informe sobre el experimento.

Análisis estadístico de datos

La estadística proporciona herramientas que permiten a los científicos comprobar si los datos obtenidos al realizar un experimento son significativos o no. Se pueden aplicar fácilmente mediante calculadoras científicas o aplicaciones informáticas. Algunos de los cálculos más sencillos y más útiles son los cálculos de errores y los de la **media** y la **desviación**.

- La **media** de un grupo de valores se calcula dividiendo la suma de los valores individuales por el número de valores.
- La **desviación** es una medida de la variación de los resultados obtenidos respecto de la media.

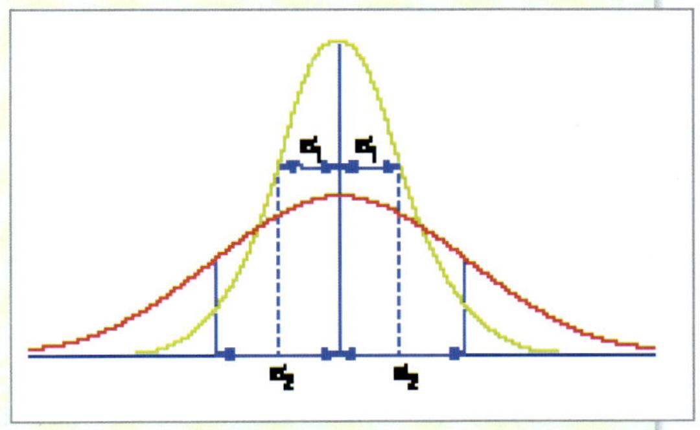

La gráfica azul y la gráfica roja representan dos grupos de datos en los que la media es la misma, pero la desviación (σ_1 y σ_2) es diferente, mayor en la gráfica de color rojo.

En general, una desviación mayor es indicadora de una menor fiabilidad de los datos obtenidos.

@ Amplía en la Red...

Para saber más sobre la presentación de informes científicos, entra en: www.ticking.com/000000

http://www.escet.urjc.es/biodiversos/espa/docencia/Guia_para_la_elaboracion_de_trabajo_cientificos_2.pdf

1. ¿Qué son los datos cuantitativos? ¿Qué recursos se pueden utilizar para facilitar su presentación?
2. ¿Qué apartados deben figurar siempre en el informe de un trabajo científico?
3. ¿Qué características debe tener el lenguaje utilizado para escribir un trabajo científico?
4. ¿Qué importancia tiene el tratamiento estadístico de los datos? ¿A qué se llama desviación?

5 Las teorías y las leyes científicas

El trabajo científico permite describir fenómenos y procesos naturales, a la luz de los conocimientos obtenidos por medio de la observación y la experimentación. Este conocimiento se recoge mediante proposiciones, como las **teorías** o las **leyes científicas**.

Las teorías

Una teoría propone una explicación sobre el comportamiento de una parte de la Naturaleza y las pruebas que avalan esa explicación. Puede estar basada en ideas diferentes y se establece a partir de observaciones, axiomas y postulados, e intenta predecir resultados en supuestos que aún no han sido estudiados.

La **teoría sintética de la evolución** resulta de la aplicación de los postulados de la genética a la teoría evolucionista de Darwin y Wallace.

Una teoría está sujeta a los cambios que puedan derivarse de su verificación futura.

Cuando la validez de una teoría se mantiene a lo largo del tiempo, y para todos los casos estudiados, se transforma en una ley científica.

Las leyes científicas

Una ley es una proposición que describe una relación constante entre las variables que son objeto de estudio. En muchos casos, las leyes científicas pueden ser representadas por medio de expresiones matemáticas, como vimos con las leyes de los gases (unidad 3). La ley nace de una teoría que ha sido verificada de forma consistente a través de la observación y de la experimentación y tiene validez para todos los hechos o fenómenos que abarca.

Postulados y axiomas

Los postulados y los axiomas son las ideas sobre las que se construyen las teorías.

Un **postulado** es una proposición no demostrada ni evidente por sí misma.

Uno de los postulados de Koch sobre las enfermedades infecciosas establece que:

"El agente patógeno debe estar presente en los animales enfermos y ausente en los sanos".

Un **axioma** es una proposición evidente y que no necesita demostración. El axioma de la biogénesis puede expresarse así:

"Los seres vivos solo pueden formarse a partir de otros seres vivos preexistentes. No pueden formarse de la materia inerte en la Tierra porque no presenta las condiciones necesarias para ello".

El efecto Doppler y la ley de Hubble

El efecto Doppler hace que la longitud de una onda producida por un objeto que se acerca al observador se acorte y que se haga más larga cuando se aleja. Esto sirve para el sonido, como el pitido de un tren o la bocina de un coche, y para la luz, incluida la de las galaxias.

Edwin Hubble llegó a la conclusión de que las galaxias se están alejando, puesto que la luz que emiten tiende a desviarse hacia el color rojo, de longitud de onda más larga. Si, por el contrario, se estuviesen acercando, la luz viraría hacia el color azul. La ley de Hubble establece que las galaxias se alejan unas de otras a una velocidad proporcional a su distancia.

Los cálculos derivados de la ley de Hubble han permitido hacer una estimación de la edad del Universo, que se calcula en torno a los 14 000 millones de años.

En proceso

COMPETENCIAS TEORÍAS Y LEYES CIENTÍFICAS

Teoría cinética de la materia

La teoría cinética de la materia propone el llamado modelo cinético-molecular, que se puede resumir en los puntos siguientes:

- La materia está formada por partículas muy pequeñas, las moléculas.
- Esas partículas están en un movimiento constante, cuya velocidad depende del estado de la materia: sólido, líquido o gaseoso.
- Existen unas fuerzas de cohesión entre las partículas.
- Las partículas están separadas unas de otras por una distancia que depende del estado de la materia.

Busca información y contesta las cuestiones siguientes:

a) ¿Cómo explica esta teoría el cambio de estado, de líquido a gas, por ejemplo?

b) ¿Por qué se dilata una barra de hierro cuando se calienta?

c) ¿Por qué disminuye el volumen de un gas cuando se enfría?

Ley de la conservación de la energía

Esta ley establece que la energía no se puede crear ni destruir, solo se puede transformar. Hay distintos tipos de energía, como son: cinética, potencial, eléctrica, calorífica, etc.

Observa el dibujo y contesta las cuestiones siguientes:

a) Identifica en el dibujo tres de los tipos de energía citados en el enunciado.

b) Haz un breve informe en el que expliques el proceso representado.

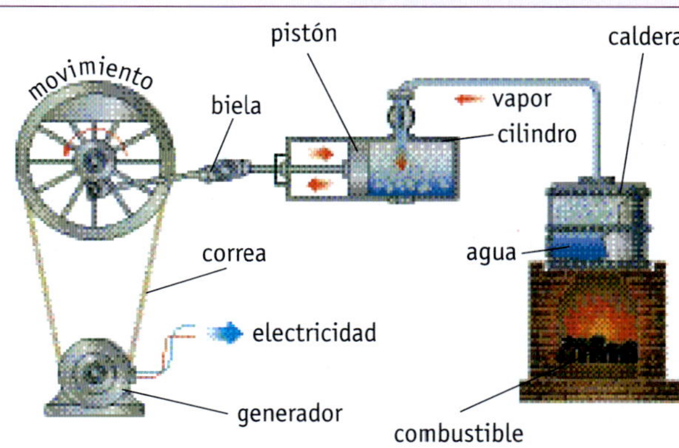

Los modelos científicos

Un **modelo** es una representación que se realiza para interpretar un hecho o un fenómeno natural. Es una simplificación que intenta parecerse lo más posible a la realidad que representa y que simula el comportamiento de esta. En física, los modelos suelen incluir una formulación matemática, que permite realizar cálculos y predecir situaciones futuras.

Modelo de ADN utilizado por Watson y Crick.

@ Amplía en la Red...

Para saber más sobre las teorías y las leyes científicas más importantes, entra en:
www.tiching.com/000000

https://www.youtube.com/watch?v=QqxuyH_f70I

1. ¿Qué son las teorías? ¿Son definitivas o están sujetas a revisión?
2. ¿Qué es un postulado? ¿En qué se diferencia de un axioma? ¿Qué diferencia hay entre un axioma y una hipótesis?
3. ¿Qué son los modelos? ¿Qué importancia tienen para los científicos?
4. ¿Qué dice la teoría cinética de la materia? ¿Y la ley de la conservación de la energía?

6 Proyecto de investigación: nutrición de las plantas

El diseño y la realización de un proyecto de investigación debe hacerse siguiendo las pautas del método científico. Vamos a diseñar un experimento para comprobar cómo afecta a las plantas la carencia de uno o varios nutrientes de naturaleza mineral.

Introducción

Las plantas son organismos autótrofos que utilizan la energía solar para elaborar la materia orgánica a partir del dióxido de carbono de la atmósfera y de nutrientes inorgánicos del suelo, como son el magnesio (Mg), el calcio (Ca), el potasio (K) o el ion nitrato (NO_3^-).

Búsqueda de información

Para comenzar, debemos buscar información sobre distintos aspectos de este tema en algunas fuentes, como pueden ser páginas web, revistas o libros de biología o de fisiología vegetal.

Enunciado de hipótesis

Con la información precisa podemos enunciar una o más hipótesis. Así, si hemos encontrado que el magnesio (Mg) es un elemento imprescindible para la síntesis de la clorofila y que el ion nitrato (NO_3^-) es necesario para producir los aminoácidos con los que se sintetizan las proteínas de la planta, podríamos proponer:

- La carencia de magnesio dará lugar a que las hojas tengan un color amarillento.
- La falta de nitrato afectará negativamente al crecimiento de la planta, o de sus hojas o raíces.

Diseño del experimento

En este experimento vamos a utilizar la técnica de cultivos sin suelo, con el fin de que las plantas solo tengan acceso a los nutrientes que les proporcionemos por medio de disoluciones. Utilizaremos una variante de los cultivos hidropónicos (en agua) en la que plantas crecerán sobre un sustrato, como la vermiculita, arena o arena absorbente lavada, de la que se usa para los gatos. .

Material necesario

Necesitaremos los materiales siguientes:

- De 50 a 60 semillas de maíz
- Vasos desechables de 125 cm^3
- Vermiculita o arena para gatos lavada
- Disoluciones nutritivas recogidas en el DOC1
- Material general de laboratorio (estufa de cultivos, bandejas de disección, tijeras, pinzas, balanzas, material de vidrio, etc.).

Disoluciones de nutrientes

Para llevar a cabo este proyecto debemos preparar las disoluciones siguientes:

Disolución de Knop (completa):

- 2,0 g de $Ca(NO_3)_2$
- 0,5 g de KNO_3
- 0,5 g de $MgSO_4$
- 0,5 g de KH_2PO_4
- 5 gotas de $FeCl_3$ (Sol 2 N)
- Agua hasta 1 000 ml

En el momento de usar se mezcla 1 parte de esta disolución con 5 de agua destilada.

Disolución sin magnesio:

Se sustituye el $MgSO_4$ por Na_2SO_4

Disolución sin nitratos:

Se sustituyen los nitratos por cloruros.

Disolución sin potasio:

Se sustituye el KH_2PO_4 por Na_2HPO_4

Las disoluciones madre se conservan en frascos de vidrio topacio durante todo el experimento, y se hacen las diluciones 1:5 cuando se vayan a usar.

Amplía en la Red...

Para saber más sobre la elaboración de un proyecto de investigación, entra en: www.tiching.com/000000

https://www.youtube.com/watch?v=q_C5MXhvIss

Procedimiento

Para llevar a cabo el experimento se seguirá el procedimiento siguiente:

- Se ponen las semillas de maíz en agua durante 24 horas.
- Se pasan a una bandeja con arena húmeda y se coloca la bandeja en una estufa de laboratorio estabilizada a 25 °C durante 7 días. Es necesario comprobar que la arena está húmeda y añadir agua si es necesario.
- Se seleccionan 25 plántulas de 7 días que tengan el mismo tamaño y buen aspecto y se les corta el cotiledón con la tijera.
- Se planta cada una de ellas en un vaso con arena al que se le haya practicado una pequeña abertura en el fondo para permitir el drenaje de líquido.
- Se hacen 5 grupos de 5 plantas cada uno, se rotulan (A, B, C, D y E) y se coloca cada grupo en una bandeja.
- Se riegan las plantas de cada grupo de la siguiente manera:
  - Grupo A. Disolución nutritiva completa.
  - Grupo B. Disolución sin magnesio.
  - Grupo C. Disolución sin nitratos.
  - Grupo D. Disolución sin potasio.
  - Grupo E. Agua destilada.
- Se observan los resultados diariamente, durante 15 o 20 días, y se recogen los datos en unas plantillas, una para cada grupo de plantas, semejante a la que se muestra en el documento.

Recogida de los datos

La recogida de los datos de un experimento se agiliza y se hace más fiable si se elabora una plantilla adaptada a los datos que tenemos que observar y recoger. En el experimento propuesto podría ser semejante a esta:

GRUPO:			
Día	**Altura del tallo (mm)**	**Aspecto de las hojas**	**Observaciones**
1			
2			
3			
4			
5			
6			
7			
...			

Resultados

Los resultados obtenidos deben ser analizados. Los datos cuantitativos serán tratados matemáticamente. En nuestro caso, calculamos la media de las alturas de los tallos de cada grupo y elaboramos una tabla y una gráfica para su presentación. Los datos cualitativos, como el aspecto de las hojas, se describirán y se acompañarán de fotografías que ilustren las diferencias entre los grupos de plantas.

Elaboración de un informe

Con los resultados obtenidos y las conclusiones extraídas de la discusión de esos datos se elaborará un informe en el formato deseado y con la aplicación elegida. En el informe se incluirá la bibliografía, un índice que recoja todos los apartados incluidos y el nombre del autor.

Discusión de los resultados

La discusión de los resultados se hará tomando como referencia las hipótesis propuestas y la información inicial obtenida. Debe ofrecer una información clara del experimento realizado y de sus resultados, así como respuestas a todos los interrogantes que plantee el proyecto:

1. Cumplimiento de las hipótesis propuestas.
2. Tipos de variables consideradas.
3. Grupos de plantas utilizados como control.
4. Efectos de la carencia de cada nutriente sobre las plantas.
5. Comparación de los resultados obtenidos con los hallados en la bibliografía.

Este libro está impreso en papel ecológico reciclable y con tintas exentas de elementos pesados solubles contaminantes. Directiva Europea 88/378/UE, norma revisada EN/71.

Primera edición, 2016

Impresión 1 2 3 4

Depósito Legal: B. 5.719-2016/ ISBN: 978-84-682-3699-5/ N.º de Orden V.V.: JC21.

IMPRESO EN ESPAÑA. PRINTED IN SPAIN.